ÉNUMÉRATION

DE

NOUVELLES PLANTES

PHANÉROGAMES ET CRYPTOGAMES

DÉCOUVERTES

DANS L'ANCIEN ET LE NOUVEAU CONTINENT

ET RECUEILLIES

PAR ÉDÉLESTAN JARDIN

INSPECTEUR-ADJOINT DE LA MARINE, CHEVALIER DE LA LÉGION D'HONNEUR
MEMBRE DE PLUSIEURS SOCIÉTÉS SAVANTES

PARIS
J. B. BAILLIÈRE ET FILS, LIBRAIRES-ÉDITEURS
19, RUE HAUTEFEUILLE, 19

CAEN
TYPOGRAPHIE LE BLANC-HARDEL
RUE FROIDE, 2 ET 4

BREST
IMPRIMERIE J. B. LEFOURNIER AINÉ
GRAND'RUE, 86

ÉNUMÉRATION

DE

NOUVELLES PLANTES PHANÉROGAMES

ET CRYPTOGAMES

DÉCOUVERTES

DANS L'ANCIEN ET LE NOUVEAU CONTINENT

ET RECUEILLIES

PAR ÉDÉLESTAN JARDIN

CHEVALIER DE LA LÉGION D'HONNEUR

MEMBRE DE PLUSIEURS SOCIÉTÉS SAVANTES

CAEN

TYPOGRAPHIE DE F. LE BLANC-HARDEL

RUE FROIDE, 2 ET 4

1875

Extrait du Bulletin de la Société Linnéenne de Normandie,
2e série, tome VIII. — Année 1875.

ÉNUMÉRATION

DE

NOUVELLES PLANTES PHANÉROGAMES ET CRYPTOGAMES

DÉCOUVERTES

DANS L'ANCIEN ET LE NOUVEAU CONTINENT

J'ai fait connaître, dans des publications précédentes, la plupart des espèces et genres non encore décrits de phanérogames et cryptogames recueillis dans mes divers voyages. Pour la côte d'Afrique, on en trouve l'énumération dans mes *Herborisations sur la côte occidentale d'Afrique* » (1).

Pour l'archipel des Marquises, j'en ai donné la liste dans mon *Essai sur l'histoire naturelle de l'archipel des Marquises* (2).

J'ai augmenté la liste, connue sous le titre de *Zephyritis*

(1) *Nouvelles Annales maritimes*, années 1849-50. Paris, imprimerie de Dupont, rue de Grenelle-St-Honoré.

(2) La partie botanique, imprimée à part dans les Mémoires de la Société d'histoire naturelle de Cherbourg, se trouve chez Baillière, libraire, rue Hautefeuille, 19.

taïtensis de Guillemin, en faisant paraître un petit supplément à la nomenclature qu'il donne (1).

Mais je n'avais pas encore signalé les espèces nouvelles de l'archipel des Sandwich, de la Nouvelle-Californie, des Antilles, des États-Unis, de Terre-Neuve ou d'Islande.

J'ai pensé qu'il ne serait pas inutile aux botanistes voyageurs, qui parcourront après moi ces points éloignés de la France, de connaître les nouvelles richesses végétales qu'ils pourront y trouver et de les augmenter encore, en donnant des renseignements plus complets sur plusieurs espèces dont je n'ai rapporté que des échantillons imparfaits ou insuffisants pour permettre une détermination sûre et exacte. Quelques espèces et genres douteux auraient besoin d'être comparés avec les échantillons déjà connus et qui existent dans les grands herbiers ; d'autres devraient être étudiés avec soin. C'est un travail qu'on ne peut guère entreprendre en province. Je me contente donc de les signaler. Les savants botanistes qui travaillent plus spécialement certaines familles seront peut-être désireux de consulter l'herbier qui les renferme (2) ; c'est ainsi que ces plantes pourront un jour être déterminées. A la suite de chacune des familles,

(1) Mémoires de la Société des sciences naturelles de Cherbourg, année 1859. Le Dr Nadeaud, qui a passé trois années dans les îles de la Société, a remplacé, par son énumération des plantes indigènes de l'île de Taïti, le *Zephyritis* de Guillemin, mais il n'a donné que les plantes cellulaires. Les algues, les lichens, les champignons n'y figurent pas. Je n'y ai pas trouvé quelques espèces reconnues comme nouvelles par les savants botanistes Schimper, Mougeot, Steudel, Dr Sagot, Léveillé, Berckley.

(2) Ces plantes nouvelles se trouvent dans l'herbier général que possède la Faculté des sciences de Caen, dans l'herbier exotique de Bayonne et en partie dans celui du Muséum d'histoire naturelle de Paris, au Jardin des Plantes.

j'ai indiqué les principaux genres dont les espèces restent encore à étudier, ce que le temps et l'absence d'éléments nécessaires ne me permet pas de faire.

Kersaint-Ploudalmezeau, août 1875.

ALGUES.

1. *Synedora* sp. nov. non det. . . . . MARQUISES.
2. *Spirogyra* sp. nov. ?. . . . . HONOLULU.
Myxonema sp. nov. ? . . . . PACIFIQUE.
Lyngbia variegata, J. Ag. . . . . TAIOHAE.
Desmideæarum nov. gen. ? *prope desmidium* ex. J. Ag. . . . . TAIOHAE.
3. *Conferva patens* (*proxim.* ex. J. Ag.). . . . TAIOHAE.
— *repens*, J. Ag. var. . . . . UAPON.
4. *Espera livida*, J. Ag. . . . . NOUKAHIVA.
5. *Draparnaldia*. . . . . OCÉANIE.
Lychæte tortuosa, J. Ag.. . . . . baie collet. NOUKAHIVA.
6. *Ulva nematoidea*, Bory, var. *serratula* J. Ag. MONTEREY.
7. *Chorda fistulosa*, Grev. var. . . J. Ag. . . TERRE-NEUVE.
8. *Sargassum echinocarpum*, Harv. var. . . . . SANDWICH.
9. *Sargassum*. . . . . FORT-DE-FRANCE.
10. *Sphacelaria tribuloïdes*, Men. . . . . FORT-DE-FRANCE.
11. *Padina crustacea*, J. Ag. . . . . TAIOHAE.
12. *Zonaria multipartita*, Suhr. . . . . LES SAINTES.
13. *Nemastoma Jardini*, J. Ag. . . . . NOUKAHIVA.
— *Lenormandiana*, J. Ag.. . . . . . NOUKAHIVA.
14. *Gigartina papillata*, J. Ag. . . . . MONTEREY.
15. — *mamillosa*, J. Ag. . . . . MONTEREY.
16. — *lanceolata*, J. Ag. . . . . MONTEREY.
17. *Liagora pyramidalis*, Crouan. . . . . ANTILLES.
18. *Hypnæa nidifica*, J. Ag. . . . . HONOLULU.
19. *Gelidium* . . . . NOUKAHIVA.
20. *Halimeda ovata*, J. Ag.'. . . . . TAIOHAE.
— sp. nov. non det., ex. J. Ag. . . . TAIOHAE.
21. *Amphiroa epiphlegmoïdes*, J. Ag. . . . . . . CALIFORNIE.

22. *Corallina*. . . . . TAÏTI.
23. *Gracilaria* sp. ex. J. Ag. . . . . NOUKAHIVA.
24. *Bostrychia glomerata*, J. Ag. . . . . NOUKAHIVA.
25. *Polysiphonia*.. . . . . NOUKAHIVA.

OBSERVATIONS.

1. Le savant algologue, J. Agardh, qui a bien voulu étudier les algues que j'ai recueillies dans mes divers voyages, a reconnu dans ce *Synedora*, une nouvelle espèce qu'il n'a pas déterminée.

2. J'ai ramassé, dans un champ de taros (*Caladium esculentum*), une nouvelle espèce de *Spirogyra*, dont J. Agardh n'a pas donné les caractères spécifiques.

3. Je n'ai signalé ces deux espèces de *Conferva* qui se trouvent en France, que parce que J. Agardh a indiqué la première avec doute, *proxima*, et qu'il a reconnu dans la seconde, une variété de l'espèce.

4. Cette espèce nouvelle d'*Espera* ne figure pas dans ma liste des algues des Marquises. Je l'ai trouvée dans la baie de Taiohaë, île de Noukahiva. Woronius, dans les *Nouv. Ann. des Sc. nat.*, 4e série, 1862, 16, p. 208, n'en décrit qu'une espèce, *mediterranea*, abondante près d'Antibes.

5. Plusieurs espèces de *Draparnaldia*, que j'ai recueillies, restent indéterminées; l'une d'elles, prise à Honolulu (Sandwich), dans un champ de taros, est rapportée au *D. plumosa* Ag., une seconde, prise dans la même localité, n'a pas reçu de nom spécifique. Il en est de même de deux autres que j'ai recueillies à Taïti, dans la cascade de Papaoa.

6. Cette variété, *serratula* de l'*U. nematoidea* Bory, que j'ai recueillie également à Monterey, se distingue de l'espèce par la fronde plus étroite dont les bords sont déchiquetés, au lieu d'être entiers.

7. On trouve à Saint-Pierre, Terre-Neuve, une variété du *Chorda (Scytosiphon) fistulosa* Grev., bien distincte de l'espèce par sa fronde simple, linéaire et non plissée comme dans l'espèce.

8. J. Agardh a réuni sous le nom de *Sargassum vulgare*, en admettant la variété *trichophyllum*, les espèces distinctes que quelques algologues avaient cru reconnaître dans les nombreuses variations de cette espèce. Ainsi, la variété que j'indique est le *S.* β. *Turneri* et le *S. foliosissimum* de Lam^x^. ?

9. J'ai recueilli à la Pointe-de-Bout, dans la baie de Fort-de-France, un *Sargassum*, qui n'a point été déterminé par J. Agardh et qui me paraît voisin du *S. piluliferum* de Turner. Il en diffère par ses feuilles dentées en scie au lieu d'être entières. Sa comparaison avec un échantillon du *S. piluliferum* m'aurait sans doute permis de donner plus de détails différentiels, mais je ne possède pas cette espèce.

10. J. Agardh indique cette espèce de *Sphacelaria* comme croissant dans la mer Méditerranée et la mer Rouge. Je la signale dans ma liste, pour sa nouvelle station, ayant recueilli à la Pointe-de-Bout, Fort-de-France, le type de l'espèce et une variété qui en diffère par sa forme plus petite, peut-être à cause de son état plus jeune.

11. Cette petite espèce de *Padina* croît sur les rochers de la baie de Taiohaë, à Noukahiva. J. Agardh n'en donne pas la description dans son *Species*.

12. J'ai recueilli aux Saintes, Antilles, le *Zonaria multipartita* de Surh., que J. Agardh regarde comme la même espèce que le *Z. lobata*. La comparaison des deux échantillons que je possède ne me permet pas d'admettre cette réunion, les frondes du *Z. lobata* sont beaucoup plus larges, relativement à leur longueur, celles du *multipartita* plus allongées, claviformes. Je crois qu'il y a lieu de main-

tenir la distinction de ces deux espèces, *Z. lobata* Ag. et *Z. multipartita* Surh.

13. J'ai eu la bonne fortune de rencontrer deux espèces nouvelles de *Nemastoma*, le *N. Jardini* J. Ag. et le *N. Normandiana* J. Ag., dans la petite crique qui existe entre la baie Akani ou Collet de la baie de Taiohaë, et dans laquelle on ne peut pénétrer qu'en embarcation. Ces deux espèces sont très-voisines, le port de la seconde est plus petit, plus grêle. Elles ne sont pas décrites dans le *Species.*

14. J. Agardh, dans sa description du *G. papillata*, donne la dimension de cette espèce à frondes variant de 2 à 4 pouces de long et d'un demi-pouce de large. L'échantillon que j'ai recueilli à Monterey (Haute-Californie), a plus de 25 centimètres de long sur 3 centimètres 1/2 de large. C'est une variété bien distincte, si, d'après les détails anatomiques, elle ne doit pas constituer une nouvelle espèce.

15. Dans cette espèce de *Gigartina*, que j'ai recueillie à Monterey, J. Agardh a reconnu une différence avec le type recueilli également dans cette baie, mais comme les formes sont très-variées, « *specie formarum varietate magnopere ludens* », il n'y faudrait pas voir trop précipitamment des caractères différentiels constants ; un de mes échantillons confirme l'opinion émise par le savant algologue Suédois, que le *G. papillata* est sans doute une espèce voisine du *G. mamillosa*, « *sine dubio proxima species.* »

16. La publication du *Species (Gigartinæ)* a eu lieu en 1851 ; mes récoltes n'avaient pas encore été communiquées à J. Agardh : l'espèce *lanceolata?* que j'ai en herbier n'y figure pas.

17. Lamouroux, et après lui Decaisne, ne décrivent que trois espèces de *Liagora*. Endlicher, dans son 3e supplément au *Genera plantarum* donne la liste de onze espèces. Celle que je possède, venant des Antilles, est désignée sous le nom de

L. pyramidalis, Crouan ; elle n'est pas mentionnée dans le *Genera* et a beaucoup de rapport avec le *L. distenta* (Mert. in Roth. Cat.).

18. Forme particulière de l'*Hypnæa nidifica*, J. Ag., distincte de l'espèce par ses rameaux plus allongés, moins entremêlés, moins gazonnants.

19. *Gelidium*... J'ai recueilli à Uapon (Marquises), baie de Hakatea, deux espèces de *Gelidium*, que J. Agardh n'a pas déterminées.

20. *Halimeda ovata*, J. Ag. Cette nouvelle espèce, remarquable par ses articulations rotundo-triangulaires, fortement incrustées de calcaire, croît dans la partie est de la baie de Taiohaë. Une autre espèce n'a pas été déterminée par J. Agardh, vu son état avancé. La croûte coralline a envahi et dénaturé toute la plante et se détache par fragments. C'est un commencement de décomposition. On rencontre cette plante croissant sur la Sentinelle de l'est, un des gros rochers qui surgissent à l'entrée de la baie de Taiohaë.

21. Les *Amphiroa* sont représentés par de nombreuses espèces, dont quelques-unes se trouvent en Californie : *A. vertebralis*, Dcn. et *A. Californica*, Dcn. L'espèce reconnue comme nouvelle par J. Agardh n'est pas mentionnée dans son *Species algarum* ; elle se distingue par sa forme robuste, ses tiges simples ou faiblement rameuses et par ses articles cunéiformes.

22. Trois espèces de *Corallina* n'ont pu être déterminées, vu l'absence de fructifications. Elles croissent sur les blocs de corail, dans les eaux tranquilles et chaudes de la rade de Papeïti. Aucune espèce de ce genre n'est indiquée par Endlicher comme croissant en Océanie. J. Agardh en mentionne quelques-unes dans la Nouvelle-Hollande et dans les archipels voisins.

23. Je signale comme croissant à Noukahiva un *Gracilaria*, dont J. Agardh n'a pu déterminer l'espèce, sans doute faute des éléments nécessaires que n'avait pas l'échantillon soumis à son examen.

24. Cette jolie espèce de *Bostrychia* a été décrite par J. Agardh, qui la rapporte au *B. fastigiata*, Hook, avec la différence de la ramification distique dans l'espèce des Marquises.

25. J'ai en herbier trois *Polysiphonia* venant des Marquises et qui n'ont pas reçu de détermination par J. Agardh. Cet auteur a indiqué sous le nom de *P. Baileyi*, le *Rytiphlœa? Baileyi*, Harv., d'après l'échantillon que j'ai récolté à Monterey et qui lui avait été communiqué.

A ces observations, je crois devoir ajouter celles qui suivent sur les espèces ci-après :

Alaria esculenta, Grev., non Post. et Rupr. J'ai recueilli cette espèce à Terre-Neuve et en Islande. Les échantillons de ces deux localités diffèrent entre eux d'une manière remarquable. Ceux de Terre-Neuve n'ont pas plus de 4 à 5 centimètres de largeur de fronde, tandis que celle des fjords de l'Islande atteint jusqu'à 14 centimètres. Les détails anatomiques peuvent être les mêmes ; mais j'ai cru devoir signaler cette différence dans l'aspect extérieur. L'*A. esculenta* des côtes de Bretagne ressemble à la plante de Terre-Neuve.

Chnoospora fastigiata, J. Ag., v. β. *atlantica*. Cette espèce que j'ai recueillie à Onundarfjord, côte ouest d'Islande, est originaire d'Amérique et n'a pu être jetée sur les côtes de l'Islande que par le courant du Gulfstream. J. Agardh l'indique sur les côtes du Vénézuéla.

Phyllophora Chamissoi, Ag. Dans son *Species*, J. Agardh n'indique pas la localité où se trouve cette espèce, qu'il indique avec doute dans l'Océan atlantique, d'après Chamisso. Je l'ai recueillie en 1854 dans la baie de San-Francisco, Haute-Californie. Cette espèce doit se trouver aussi dans la baie de Monterey.

Corallina squammata, Ell. et Sol. J'ai trouvé croissant sur les rochers, en Islande, cette espèce que J. Agardh indique comme croissant depuis la partie sud de l'Angleterre jusqu'aux Canaries; mais elle est de bien plus petite taille que ses congénères croissant plus au sud. Crouan, dans sa *Florule du Finistère*, l'indique à Brest.

Actinotrichia rigida, Dcn. Ce genre, formé par Decaisne aux dépens du *Galaxaura* de Lamouroux, ne renferme qu'une espèce, l'*A. rigida*, croissant dans la mer Rouge, à Madagascar et dans l'archipel des Sandwich. Je l'ai recueilli dans la rade de Taiohaë, archipel des Marquises.

Eupogonium rigidulum, Kg. J. Agardh indique dans ses *Species inquirendœ*, à la suite des *Dasya*, l'*Eupogonium rigidulum* de Kutzing, de la mer Adriatique. J'ai recueilli cette petite espèce dans la baie de Dakar, Sénégal.

Cryptonemia luxurians, J. Ag. Aux algues que j'ai indiquées dans mes *Herborisations sur la côte occidentale d'Afrique*, pour le Sénégal, il faut ajouter le *Cryptonemia luxurians*, J. Ag., que j'avais inscrite sous le nom de *Phyllophora* et qui vient d'être déterminée par le savant algologue G. Lespinasse, de Bordeaux.

LICHENS.

1. *Leptogium lobulatum*, Nyl. . . . . TAIOHAE.
2. *Cladonia gracilenta*, Nyl. . . . . TAIOHAE.
   . . . . . . *gracilis*, Fr., v. *hybrida*. . . . . NOUVELLE ÉCOSSE.
   . . . . v. *elongata*. . . . . HALIFAX.
   . . . . . . non descript. . . . . SAN-FRANCISCO.
3. *Ramalina testudinaria*, Nyl.. . . . . MONTEREY.
4. *Pyxine retirugella*, Nyl. . . . . TAIOHAE.

5. *Parmelia fulvescens*, Mnt. . . . . TAIOHAE.
6. *Physcia mollescens*, Nyl. . . . . OCÉANIE.
7. *Coccocarpia molybdæa*, Pers., v. *incisa*. . . . POINTE-A-PITRE.
8. *Urceolaria*, non descrip. . . . . RIO-NUNEZ.
9. *Pertusaria dermatodes*, Nyl. . . . . TAIOHAE.
. . . . . *trypetheliiformis*, Nyl. . . . . . . TAÏTI.
10. *Thelotrema cavatum*, Ach., v. *dolichospermum*, Nyl. . . . . NOUKAHIVA.
11. *Graphis deplanata*, Nyl. . . . . TAIOHAE.
. . . . . *analoga*, Nyl. . . . . TAÏTI.
. . . . . *mendax*, Nyl. . . . . TAÏTI.
. . . . . nov. spec. non descrip. ex., Nyl. . TAIOHAE.
12. *Arthonia pandanicola*, Nyl. . . . . NOUKAHIVA.
Lecanactis varians, Nyl. . . . . NOUKAHIVA.
. . . . nov. spec.? non det. . . . NOUKAHIVA.
13. *Chiodecton depressulum*, Nyl. . . . . NOUKAHIVA.
14. *Verrucaria heteropsis*, Nyl. . . . . VERA-CRUZ.
. . . . . *aurantiaca*, Nyl. . . . . TAIOHAE.
. . . . . *micromma*, Mnt., v. *circumfinicus*. MARTINIQUE.
. . . . v. *denudata*. . . . . . TAIOHAE.
15. *Variolaria*? non descrip. . . . . RIO-NUNEZ.

OBSERVATIONS.

1. Le *Leptogium lobulatum*, Nyl., croît dans les lieux ombragés des vallées de Taiohaë, mêlé au *Sticta macrophylla*. Nylander ne l'indique pas dans son *Enumération des Lichens* (1).

Cette nouvelle espèce de *Cladonia* a été déterminée par Nylander. Ainsi en est-il des deux variétés, *hybrida* et *elongata* du *Cl. gracilis*, Fr., que j'ai recueillies dans la Nouvelle-Écosse, à Bedford-bason, près de Halifax, où abondent les *Cladonia*, sur les rochers, la terre ou le tronc des

1) Mémoire de la Société des Sciences naturelles de Cherbourg, année 18[illegible]5, t. VII.

sapins. Une espèce de San-Francisco et deux de Noukahiva n'ont pas été déterminées par Nylander. Cet auteur, dans son *En. des Lichens*, n'indique pas le *Cl. muscigena*, Eschw. que j'ai recueilli à St-Pierre (Martinique), et aux Pitons-Absalon. Ce *Cl.* croît également à Taiohaë, sur le tronc des cocotiers, d'où son nom indigène, *é imu a ehi*, mousse du cocotier. On le trouve aussi sur les pierres.

3. Cette belle et robuste espèce de *Ramalina* croît sur le sapins, à Monterey, Haute-Californie, où elle est assez abondante. Nylander, qui l'a déterminée, ne l'indique pas dans son *Énumération*, ni dans son *Supplément*. Elle est remarquable par sa forme crustacée, semblable à l'écaille d'une tortue.

4. J'ai indiqué dans mon *Histoire naturelle des Marquises*, sous le nom de *Parmelia*, le *Pyxine retirugella* de Nyl., espèce nouvelle qui se trouve à Taiohaë, sur le tronc des arbres. A l'œil nu, on le prendrait pour une croûte pulvérulente. Cette espèce existe aussi dans la Nouvelle-Calédonie.

5. J'ai recueilli cette espèce fructifère à Noukahiva. Nylander la signale dans sa nouv. class. des lichens (*Mém. des Sc. nat.* de Cherbourg, 1855, p. 196).

6. J'ai recueilli à Taiohao, baie dans l'O. de Taiohaë, le *Ph. mollescens*, Nyl., sur un *Artocarpus*, et à Taïti, sur un rocher, près de la cascade de Tahara. Nylander n'en fait mention ni dans son *En. des Lichens* ni dans son *Supplément*.

7. Ce savant lichénographe a reconnu dans l'échantillon du *C. molybdæa*, Pers., que je lui ai soumis, la variété *incisa*. Elle est distincte du *C. incisa*, Pers. ? Nylander ne l'indique pas dans son *Énumération des Lichens*, non plus que le *Coccocarpia pellita*, *Lichen pellitus*, Sw., que j'ai rencontré à la Martinique.

8. On trouve à Factory, Rio-Nûnez, Côtes occidentales d'Afrique, un *Urceolaria* croissant sur la terre et qui n'a pas encore été déterminé. *An nova species?*

9. La terre argileuse et rougeâtre du haut de la vallée d'Ikoei, dans la baie de Taiohaë, est quelquefois couverte d'une croûte blanchâtre que Nylander a reconnue être une nouvelle espèce de *Pertusaria;* le *P. trypetheliiformis*, Nyl., que j'ai trouvé à Taïti, est une addition à la flore cryptogamique de cette île. Cette espèce existe aussi dans la Nouvelle-Calédonie.

10. La variété *Dolichospermum* du *Thelotrema cavatum* a été trouvée depuis à Cuba et dans la Guyane.

11. Les *Graphis* sont aussi nombreux et aussi variés dans la zone tropicale que dans les zones tempérées. J'ai recueilli comme nouvelles espèces les *G. deplanata* Nyl., à Taiohaë, et *G. analoga* et *mendax*, Nyl., à Taïti, dans la vallée de Fantahua, près de Papéïti. Cette dernière espèce a été aussi trouvée, dans la Nouvelle-Calédonie, par M. Vieillard. Le *G. analoga* est indiqué également dans la Nouvelle-Grenade. Il s'est trouvé dans ma collection un autre échantillon que Nylander n'a pu déterminer, les spores manquant.

12. Cette nouvelle espèce d'*Arthonia* avait d'abord été désignée par Nylander sous le nom de *pandani;* ce nom a été changé en la variante *pandanicola* (1) dans l'*Énumération des Lichens*. L'*Arth. pandanicola* croît, comme ce nom l'indique, sur le tronc des *Pandanus*, aux Marquises.

13. Nylander ne signale pas, dans son *Énumération des Lichens*, le *Chiodecton depressulum* qu'il a déterminé et que j'ai recueilli sur l'écorce d'un *Pandanus*, dans la baie de Taiohaë.

(1) Voir le *Synopsis Arthronarium* de Nylander (Mém. de la Soc. des sciences nat. de Cherbourg, t. IV).

14. On trouve à Boca del Rio, près de Vera-Cruz (Mexique), sur l'écorce des arbres, le *Verrucaria heteropsis*, nouvelle espèce reconnue par Nylander, qui ne l'a pas inscrite dans son *Énumération des Lichens.* Le *V. aurantiaca*, que j'avais indiqué dans mon *Histoire naturelle des Marquises*, comme une espèce nouvelle, avait déjà été décrit par Fée. Le *V. micromma*, Mnt., a présenté à Nylander deux variétés : l'une qu'il a désignée sous le nom de *denudata*, recueillie à Taiohaë; l'autre sous le nom de *circumfinicus*, prise au jardin botanique de Saint-Pierre (Martinique). Le *V. cinchonæ* Ach., indiqué dans l'*Enumération des Lichens* comme croissant dans l'*Am. mér. trop.*, se trouve aussi aux Marquises.

15. J'ai en herbier un *Variolaria?* non déterminé, que j'ai recueilli dans le Rio-Nunez, Sénégambie ? Est-ce une nouvelle espèce ?

J'ajouterai à ces courtes observations celles ci-après, concernant quelques espèces non indiquées dans la liste ci-dessus.

Nylander n'indique pas dans son *Énumération des Lichens* le *Ramalina calicaris*, *v. complanata*, *R. complanata*, d'Ach. Il n'admet peut-être pas cette variété ; du reste, ce savant fait remarquer que les espèces du genre *Ramalina* sont peut-être les plus difficiles à déterminer de tous les lichens. J'ai trouvé la variété dont je parle au Gabon, côte occidentale d'Afrique, dans les vallées d'Ikoci et d'Oata, à Taiohaë, Saucelito et à Taïti, sur un goyavier. A Saucelito, dans la baie de San-Francisco, j'ai recueilli le *R. usneoïdes*, Ach., *v. reticulata*, qui est sans doute le *R. retiformis* de Menz.

Dans mon *Histoire naturelle de l'archipel des Marquises*, j'ai indiqué comme croissant sur l'écorce des arbres le *Lecidea sorediata* Ach., qui est le *Pyxine sorediata*, Fr., espèce qui, d'après Nylander, ne diffère pas du *Pyxine cocoes*, Ach. Le *Lucidea luteola*, Ach., *v. prœaspis*, Link., que j'ai recueilli à Boca del Rio, près de Vera-Cruz, n'est pas indiqué dans l'*Énumération des Lichens*.

Le *Lecanora glaucoma*, *v. subcarnea*, doit être ajouté à la liste des espèces de ce genre que je donne dans l'*Histoire naturelle des Marquises ;* le *Lecanora subfusca*, Ach., var. *distans*, n'est pas indiqué dans l'*Énumération des Lichens*.

Je signale également l'absence du *Pertusaria americana*, *porina* de Fée, qui croît à Noukahiva sur les *Pandanus*, et du *Pyrenastrum americanum*, Eschw. (teste Nyl.), que j'ai recueilli à Taïti, dans la vallée de Fantahua.

CHAMPIGNONS.

1.	*Eurotia margaritacea*, Lév.	TAIOHAE.
2.	*Phoma circinnalis*, Lév.	TAIOHAE.
3.	*Dothidea exanthematica*, Lév.	TAIOHAE.
4.	*Sphœria nodulorum*, Lév.	NOUKAHIVA.
	— *hœmatites*, Lév.	NOUKAHIVA.
5.	*Sphœropsis conglobata*, Lév.	TAIOHAE.
6.	*Exidia ampla*, Lev. (*hispidula*, Berk.).	NOUKAHIVA.
	— *tomentella*, Berk. (ex. Lév.).	NOUKAHIVA.
7.	*Gyphella hortulana*, Lév.	NOUKAHIVA.
8.	*Polyporus hyposclerus*, Berk..	NOUKAHIVA.
	— *Marchionicus*, Lév.	NOUKAHIVA.
	— *planus*, Lév..	NOUKAHIVA.
	— *auricomus*, Lév.	NOUKAHIVA.
	— *lucidus*, Fr., v. *sessilis*, Lév.	NOUKAHIVA.
	—	ILES DE LOSS.
9.	*Aschertonia placenta*, Berk.	NOUKAHIVA.
10.	*Tramœtes lanata*, Fries.	GUINÉE.
11.	*Dictyophora bi-campanulata*, Mnt.	NOUKAHIVA.
12.	*Agaricus campestris*, L., var. Berk.	NOUKAHIVA.
	— *Sandvicensis*, Berk.	HONOLULU.
	—	HONOLULU.
	Merulius	NOUKAHIVA.

OBSERVATIONS.

1. Une nouvelle espèce d'*Eurotium*, L., l'*E. margaritaceum*, Lév., a été reconnue sur un *Merulius* en décomposition.

2. J'ai recueilli cette jolie espèce de *Phoma* sur des feuilles de *Pandanus*, dans la vallée d'Ikoei, Taiohaë.

3. Note du Dr Léveillé ; « A *Dothidea ropalina*, Mnt., differt sporis ovatis continuis et non uni septatis. » Je l'ai recueilli à Taiohaë sur une feuille d'arbre.

4. Une nouvelle espèce de *Sphæria* a été désignée par le Dr Léveillé sous le nom de *Sph. nodulorum, sed miniatura,* mais petit échantillon, dit la note. Je l'ai trouvée dans la vallée des Taipis-Vai, sur une pierre.

5. Cette *Sphæria*, nouvelle d'après le Dr Léveillé, croît à Taiohaë, sur une gousse de légumineuse.

6. Ce champignon ayant été communiqué aux Drs Berkeley et Léveillé, ce dernier a reconnu que c'était l'*Exidia ampla* de Fries ; Berkeley, au contraire, a reconnu une espèce nouvelle, qu'il a désignée sous le nom de *hispidula.* Il est souvent bien difficile de déterminer sur le sec des champignons qui ne sont pas ligneux, surtout ceux de la section Hyménomycètes. Fries ne signale pas l'*Ex. tomentacea* que j'ai recueilli sur un *Hibiscus tiliaceus.*

7. Le Dr Léveillé a cru reconnaître cette espèce sur une feuille de plante herbacée. L'échantillon ayant été communiqué à Berkeley, la réponse de ce savant est courte : *Nil vidi !*

8. Le *Polyporus* que j'avais désigné, d'après le Dr Léveillé, sous le nom de *Marchionensis*, ne serait, d'après Berkeley, que le *P. hyposclerus*, Berk., seulement *statu effuso,* dit la note communiquée à ce sujet. Peut-être est-ce une variété.

Je l'ai trouvé à Noukahiva, dans la baie de Taiohaë et chez les Taipis-Vai.

Le *P. marchionicus*, espèce de Léveillé, serait, d'après ce savant mycologue, le *Tramotes marchionica*, Mnt. Il se trouve à Noukahiva.

Le *P. planus*, espèce nouvelle de Léveillé, est voisin du *P. byssinus* de Mont. et du *P. Nordmanni* ; mais, d'après cet auteur, « Ab utroque valde differt » ; on le trouve à Taiohaë.

Le Dr Léveillé a reconnu une nouvelle espèce dans un petit *Polyporus*, qui croît à Noukahiva, sur les branches mortes des arbres, et lui a donné le nom spécifique de *auricomus*. Cette espèce, que j'ai trouvée dans la vallée du Meao, conserve encore sa belle couleur jaune d'or, quoiqu'elle ait été recueillie depuis plus de vingt ans.

Le *P. lucidus*, Fr., var. *sessilis*, variété reconnue par le Dr Léveillé, absence de pédoncule. Elle se trouve dans la baie de Taiohaë, chez les Taipis-Vai. Signalons ici le *P. xanthopus* du même auteur, qui se distingue par la couleur orangée de son pédoncule, laquelle tranche avec la couleur roussâtre du reste du champignon.

J'ai en herbier trois *Polyporus* recueillis aux îles de Loss, côte occidentale d'Afrique, qui ne sont pas déterminés. Peut-être y a-t-il là quelque nouveauté.

9. J'ai recueilli cette espèce d'*Aschertonia* sur les feuilles de l'*Hibiscus tiliaceus*, nom vulgaire, *bourao*, en kanac, *hau*, à Taiohaë. Endlicher indique ce genre dans l'île de Java, cf. *addenda*.

10. Cette espèce de *Tramœtes* n'est pas nouvelle, mais elle a offert des incertitudes pour la détermination. Berkeley la regarde comme le *Tr. lanata* de Fries, voisin du *Tr. occidentalis*.

11. J'ai recueilli à Taiohaë cette belle espèce de *Dictyo-*

phora, déterminée par le Dr Léveillé, avec cette note : je crois bien voir un vestige d'anneau au milieu du pédicule. Elle se rapproche du *Phallus dæmonum.*

12. Micheli, Schœffer, Scopoli et autres auteurs distinguent plusieurs variétés dans l'*Ag. campestris* de Linné. Fries ne reconnaît pas les caractères assez constants pour les maintenir. Dans l'espèce que j'ai recueillie à Taiohaë, Berkeley constate une différence avec le type.

Une nouvelle espèce, que j'ai rencontrée à Honolulu (Sandwich), a été désignée par cet auteur sous le nom spécifique de *Sandvicensis*, et il ajoute : « *Ag. campanulato affinis, sed statura major, sporæ majores.* »

Nota. Gaudichaud, dans le *Voyage autour du Monde de l'Uranie*, dit n'avoir pu obtenir des insulaires du Pacifique de renseignements précis sur les propriétés et usages des champignons. Il en a été ainsi aux Marquises, et les naturels n'ont pu me donner de noms que pour deux espèces, l'*Exidia ampla,* qu'ils nomment *Puaka veinehae,* oreille de revenant, et le *Sphæria mammæformis*, qu'ils appellent *Popoakau*, balle droite ; pourquoi ? Je n'en sais rien. Ils n'en font, que je sache, aucun usage.

MOUSSES.

1.	*Grimmia flexiseta*, Schimp.	San-Francisco.
2.	*Syrrhopodon Jardini*, Sch.	Taïti.
	— *speciosus*, Sch.	Noukahiva.
	. . . . . . ?	Noukahiva.
3.	*Pterobryum dextrum*, Sch.	Taïti.
4.	*Leucobryum* . . . . ?	Taïti.
4.	*Phinololula*. . . . . ?	Taïti.
5.	*Campylopus*	Monterey.
6.	*Calymperes Afzellii*, Sw.	Iles de Loss.

7. *Leucophanes blepharioides*, Sch. . . . . Noukahiva.
8. *Trematodon Jardini*, Sch. . . . . Taïti.
9. *Pogonatum laterale*, Sch. . . . . Noukahiva.
10. *Hypnum circinulatum*, Sch. . . . . Taïti.
— *Daltonoides*, Sch. . . . . Taïti.
— *macroblepharum*, Sch. . . . . Noukahiva.
— *Nukahivense*, Sch. . . . . Noukahiva
— *Lepineanum*, Sch. . . . . Noukahiva
. . . . ? . . . . Noukahiva.
11. *Pterogonium peregrinum*, Sch. . . . . San-Francisco.
Isothecium cladorhizans, Sch. . . . . Taïti.
12. *Cyrtopus Taïtensis*, Sch. . . . . Taïti.
13. *Leucodon pacificus*, Sch. . . . . Noukahiva.
14. *Hookeria Jardini*, Sch. . . . . Noukahiva.
— *pallens*, Sch. . . . . Noukahiva.
— *californica*, Sch. . . . . Ile aux Cerfs.
5. *Phyllogonium cryptocarpum*, Sw. . . . . Noukahiva.

OBSERVATIONS.

1. Le *Grimmia flexiseta*, nouvelle espèce déterminée par Schimper, se trouve sur les rochers à Saucelito, dans la baie de San-Francisco, localité qui, avec l'île aux Cerfs, située en face, offre aux botanistes un assez grand nombre de plantes.

2. La vallée de Fantahua, près de Papéiti, si riche en espèces végétales, m'a offert un nouveau *Syrrhopodon*, déterminé par le savant muscologue Schimper, qui a bien voulu lui donner le nom spécifique de *Jardini*. J'ai recueilli une autre espèce de ce genre beaucoup plus grande, sur une roche, dans la vallée d'Avao, à Taiohaë; elle a reçu par Schimper le nom de *speciosus;* une troisième espèce, également de Noukahiva, m'a été renvoyée avec un point de doute. Le Dr Nadeaud ne signale pas ce genre à Taïti.

3. Sur les sommets les plus élevés de Taïti, on trouve

les deux belles espèces de mousses, *Pterobryum dextrum*, Sch., et *Spyridens Balfourianus*, Grev. Cette dernière était indiquée seulement à Java. Le Dr Nadeaud ne signale pas ces genres dans son *Énumération des plantes indigènes de Taïti.*

4. L'absence de fructifications a empêché de déterminer le genre et l'espèce de ces deux mousses, que j'ai trouvées à Taïti et Noukahiva.

5. Ce *Campylopus*, de l'archipel des Sandwich, à Honolulu, n'a pas été déterminé par Gaudichaud, dans le *Voyage de l'Uranie autour du Monde.*

6. Gaudichaud signale, aux Moluques, le *Calymperes Afzelii*, Sw., que j'inscris sur ma liste pour l'avoir recueilli dans une nouvelle localité, à Tumbo, une des îles de Loss, côte de Sénégambie. Il existe aussi dans la Guyane.

7. C'est sur un *Pandanus* que j'ai recueilli ce *Leucophanes*, désigné par Schimper sous le nom de *blepharioides*, dans la vallée d'Avao. Un autre *Leucodon*, de la vallée d'Ikoei, n'a pas été déterminé par le savant muscologue, c'est une espèce beaucoup plus petite que la précédente.

8. On trouve, dans le chemin creux qui va de Papéiti à Faa, sur de la terre argileuse et le long du chemin de Papéiti au trou du Cocyte, une espèce de *Trematodon* que Schimper a déterminée sous le nom spécifique de *Jardini*. Ce genre n'est pas indiqué dans l'*Énumération des plantes indigènes de Taïti*, par le Dr Nadeaud.

9. Cette belle espèce, qui atteint jusqu'à 15 centimètres de hauteur, croît dans les fentes des rochers ombragés de la vallée d'Avao, à Taiohaë. La columelle, de 6 à 8 centimètres, est ondulée, peut-être à cause de la dessiccation.

10. Cette petite espèce d'*Hypnum*, de forme gazonnante, croît à l'ombre dans le voisinage de Taïti et dans les parties élevées. L'espèce *Daltonoides*, Sch., croît sur l'*Hibiscus*

tiliaceus. Je l'ai trouvée dans la vallée de Fantahua, Taïti. Le Dr Nadeaud ne parle pas de ces deux espèces. L'*H. macroblepharum,* Sch., a été recueilli dans la tribu des Happas, qui habite les hauteurs voisines de la baie de Taiohaë, sur un tronc d'arbre.

Il y a vingt ans que j'ai recueilli la nouvelle espèce *H. nukahivense,* Sch., et cette mousse conserve encore la belle couleur verte qu'elle avait dans son état de fraîcheur. L'*H. Lepineanum,* Sch., se trouve dans la vallée d'Ikoei, à Taiohaë, en grandes plaques, sur l'écorce des *Aleurites* et *Artocarpus.* Notons, à l'article *Hypnum,* l'*H. molluscum,* que j'ai ramassé sur les bords du Niagara, près du Whirlpool, et l'*H. Sandwichense,* Hook., qui croît en abondance à Noukahiva, dans la tribu des Happas.

11. Ce *Pterogonium,* de Saucelito, baie de San-Francisco, croît sur les arbres, où il est assez abondant. Les botanistes de cette contrée éloignée ont sans doute déjà signalé son existence. Les petits rameaux de cette espèce sont moins grêles et plus contournés que dans le *P. gracile* et le *P. striatum.*

12. J'ai trouvé cette belle espèce à Taïti, au pied d'un arbre. Le genre *Cyrtopus* a été formé par Bridel aux dépens du genre *Neckera;* parmi les six espèces de *Neckera* citées par Nadeaud, figure peut-être le *Cyrtopus Taïtensis,* Sch.

13. Schimper a reconnu dans ce *Leucodon* une nouvelle espèce, qu'il a appelée *pacificus;* elle se trouve sur l'écorce des arbres à Taiohaë.

14. Cette jolie espèce de *Hookeria* croît sur les rochers où se trouve un peu de terre végétale, dans les endroits frais et ombreux de la baie de Taiohaë. C'est par un effet du hasard que j'ai cueilli l'espèce suivante, *H. pallens,* Sch., mêlée à l'*Hyp. macroblepharum,* Sch.

L'*Hook. Californica,* Sch. in herb., existe dans la petite île aux Cerfs.

C'est par erreur qu'on a imprimé le mot *Jagianæ* au lieu de *Tagiania* C. Müll., avec ? après le mot *Hookeria*, à la page 28 de mon ***Essai sur l'histoire naturelle des Marquises.***

15. De plus petite taille que le ***Phyllogonium fulgens***, Brid., que j'ai recueilli à Rio-Janeiro, le ***Ph. cryptocarpum***, espèce nouvelle déterminée par Schimper (in herb.), s'en distingue à l'œil nu par la disposition des rameaux latéraux plus nombreux, tantôt partant d'un seul côté de l'axe principal, tantôt poussant à droite et à gauche, sans régularité. Cette jolie espèce a la teinte soyeuse du genre. Je l'ai recueillie à Taiohaë et chez les Taipis-Vai, dans la baie voisine.

FOUGÈRES.

(1). *Gymnogramme triangulare*, Kaulff.	ILE AUX CERFS.
2. *Adianthum*	ILE DE LOSS.
— *tetraphyllum* var.	MARTINIQUE.
—	SANDWICH.
3. *Pteris aquilina*, L., var.	ILE AUX CERFS.
— — var.	SANDWICH.
4. *Lithobrachya* sp. nov.	TAÏTI.
5. *Asplenium*.	ILE DU PRINCE.
6. *Woodwardia radicans*, Sw.	ILE AUX CERFS.
7. *Polystichon*.	NOUKAHIVA.
8. *Dicksonia multifida*, Willd ?.	TAÏTI.

OBSERVATIONS.

1. Les *Gymnogramme* sont des fougères tropicales, très-rares dans les zones tempérées. C'est pour ce motif que je signale cette espèce que j'ai recueillie dans l'île aux Cerfs, baie de San-Francisco, latt. 37° 48'.

2. Cet *Adianthum*, que j'ai trouvé à Factory, île de

Loss, côte occidentale d'Afrique, est de petite taille ; les tiges, noirâtres, grêles, luisantes, sont simples, de 10 à 15 centimètres. Les folioles, cunéiformes, sont presque orbiculaires avant la fructification, opposées, portées sur un long pédicelle, grêle. Les groupes de sporanges sont fixés sur le bord de la fronde. Est-ce une espèce nouvelle?

On rencontre aux Pitons-Absalon, Martinique, l'*Ad. tetraphyllum*, variété qui diffère du type par ses rameaux ou segments groupés au sommet de la tige et par les lobes ou folioles moins espacés. La plante elle-même est d'une taille moins grande.

J'ai en herbier, sous le nom d'*Adianthum*, une fougère des Sandwich, qui me semble fort curieuse. Les rameaux sont opposés, simples ou bifurqués, à folioles noirâtres, fortement rugueuses, dentées, arrondies, sessiles, opposées, couvertes de poils et marquées en quelques endroits de taches blanchâtres. La tige elle-même est pilifère, fortement anguleuse et sillonnée. Il serait peut-être difficile de déterminer d'une manière complète cette espèce, vu l'exiguité et l'assez mauvais état de mon unique échantillon.

3. J'ai trouvé dans l'île aux Cerfs un *Pteris aquilina* qui diffère du type par ses frondes tri-pennatiséquées, à segments très-rapprochés. Les lobules sont serrés, dentés en scie dans les segments inférieurs. La plante entière a l'aspect beaucoup plus compact, plus fourni que dans le type.

Le *P. aquilina* que j'ai recueilli à Halifax, Nouvelle-Écosse, présente également un port différent du type. Les segments sont bi-pennatiséqués, les lobules dentés en scie dans la partie inférieure ; dans les segments inférieurs, ils sont plus larges, moins condensés. La plante entière a un port plus grand que celui de notre *Pteris*.

J'ai rapporté des Sandwich un autre *Pteris*, qui n'est

pas déterminé. Cette espèce me paraît voisine du *P. serratula* Sw. ; mais elle est de plus grande taille.

4. J'ai trouvé dans la vallée de Fantahua, à Taïti, une très-belle espèce de *Litobrachya*, qui n'a pas été déterminée par le Dr Mougeot. La tige est flexible, de couleur acajou clair ; les frondes sont très-grandes, simples ou bi-pennatiséquées, à segments opposés, folioles arrondies, excepté la terminale qui est longuement acuminée, et non séparées. Serait-elle une des cinq espèces de *Pteris (Litobrachia)* indiquées par le Dr Nadeaud ?

5. L'Ile-du-Prince, dans le fond du golfe du Guinée, a été si peu explorée qu'il ne serait pas impossible que cet *Asplenium*, que je ne puis rapporter exactement à aucune des espèces jusqu'à présent décrites, fût une nouvelle espèce de ce genre si nombreux et si polymorphe.

6. Deux espèces de *Woodwardia* sont signalées dans la Nouvelle-Calédonie ; le *W. radicans*, fort belle espèce de l'Amérique du Nord, croît dans l'île aux Cerfs, baie de San-Francisco.

7. Le Dr Mougeot, qui a étudié nos fougères d'Océanie, a donné, au sujet de ce *Polystichon*, la note suivante : « a beaucoup de ressemblance avec l'*Aspid.* n° 136, des « îles Marquises, que nous avons rapporté à l'*Asp. furcatum*, « Kung. Toutefois, il a un peu le port et l'aspect du *Po-* « *lystichum.* C'est un objet à rechercher et à renvoyer « avec le rhizome. »

8. Le même savant n'a pu, faute de fructifications, décider si l'échantillon n° 18 est un *Dicksonia*, et il met en note : « Si cette fougère est un *Dicksonia*, il convient de la « rapporter au *Diks. multifida* de Willd., mentionné par « Guillemin dans le *Zephyritis* ; mais Hooker (*Sp. fil.*, p. 81) « met au nombre des espèces douteuses le *Dicks. multifida* « de Willd. » Le Dr Nadeaud n'en parle pas.

linéaires, munies dans le quart de leur longueur, à partir de la souche, d'un appendice scarieux, qui forme comme une bordure d'un vert moins foncé. Il est bien probable que ces deux espèces ont été étudiées depuis le temps où je les recueillais en Californie (en 1854).

GRAMINÉES.

1. *Oryza glaberrima*, Steud. . . . . ILES DE LOSS.
2. *Sorghum saccharatum*, L., var. . . . . NOUKAHIVA.
   Paspalum denudatum, Steud. . . . . NOUKAHIVA.
   — *guineense*, Steud. . . . . GABON.
   — *Jardini*, Steud. . . . . GABON.
   — *squammatum*, Steud. . . . . GABON.
3. *Lasiolytrum ? pilosum*, Steud. . . . . NOUKAHIVA.
   Olyra guineensis Steud., v. *minor* . . . . . . ILES DE LOSS.
4. *Panicum Taïtensis*, Steud. . . . . TAÏTI.
   — *basisetum*, Steud. . . . . ILE DU PRINCE.
   — *fluviicola*, Steud. . . . . ILE DU PRINCE.
   — *indutum*, Steud. . . . . ILE DU PRINCE.
   — *Phyllomærum*, var. Steud. . . . . . . ILE DU PRINCE.
   — *paspaloïdes*, Steud. . . . . LOANGO
   — *porranthum*, Steud. . . . . LOANGO.
   — — v. *hirsutissium*, Steud. . . LOANGO.
   — *trichopiptum*, Steud. . . . . LOANGO.
   — *aparine*, Steud. . . . . ST-PAUL-DE-LOANDA.
   — *megaphyllum*, Steud. . . . . GABON.
   — *insculptum*, Steud. . . . . RIO-NUNEZ.
   — *latifolium*, L. ? . . . . SAINT-DOMINGO.
   — *ahuense*, Steud. . . . . HONOLULU.
   — *austro-insulare*, Steud. . . . . HONOLULU.
5. *Isachne Jardini*, Steud. . . . . ILES DE LOSS.
   — *histrix*, Steud. . . . . ILES DE LOSS.
6. *Setaria viridis*, L., var. . . . . NOUKAHIVA.
7. *Pennisetum tenuispiculatum*, Steud. . . . . . . GABON.
   — *senegalense*, Steud. . . . . SÉNÉGAL.
   — *identicum*, Steud. . . . . NOUKAHIVA.
   — *articulatum*, Trin., v. *setis albis*. . NOUKAHIVA.

8. *Cenchrus Taïtensis*, Steud. . . . . TAÏTI.
— *Honolulensis*, Steud. . . . . HONOLULU.
— *pycnostachyus*, Steud. . . . . LOANGO.
— non descrip. . . . . MARQUISES.
Antephora elegans, Steud. . . . . LOANGO.
9. *Sporobolus*. . . . . MONTEREY.
10. *Poa pratensis*, L., var. . . . . ISLANDE.
— *bulbosa*, L., var. *vivipara*. . . . . ISLANDE.
Agrostis paradoxa, Steud. . . . . GABON.
11. *Eragrostis elytroblephara*, Steud. . . . . TAÏTI.
— *Jardini*, Steud., v. *major*. . . . . GABON.
— — v. *minor*. . . . . GABON.
— *capillaris*, Sagot. . . . . MONTEREY.
12. *Polypogon Monspeliense*, L., var. . . . . ILE AUX CERFS.
13. *Cynodon flagellatus*, Steud. . . . . SANDWICH.
14. *Eleusine rariflora*, Steud. ?. . . . . NOUKAHIVA.
15. *Ctenium serpentinum*, Steud. . . . . ILE-DE-MEL.
16. *Uniola Jardini*, Steud. . . . . CALIFORNIE.
— *Jardinei*, Steud. . . . . ST-PAUL-DE-LOANDA.
Elymus Franciscanus, Steud. . . . . CALIFORNIE.
17. *Jardinea Gabonensis*, Steud. . . . . GABON.
18. *Lepturaris triaristata*, Steud. . . . . ILES DE LOSS.
19. *Saccharum distichophyllum*, Steud. . . . . NOUKAHIVA.
20. *Andropogon Guineense*, Steud. . . . . LOANGO.
— *densiflorum*, Steud. . . . . LOANGO.
— *exertum*, Steud., v. *tenuissimum*. . ILES DE LOSS.

OBSERVATIONS.

1. Les habitants de Factory, une des îles de Loss, côte occidentale d'Afrique, cultivent cette petite espèce d'*Oryza* sous le nom de « Malé. » Dans mes *Herborisations sur la côte occidentale d'Afrique*, j'avais indiqué cette nouvelle espèce avec doute. L'analyse qu'en a faite Steudel me permet de rectifier cette indication.

2. J'ai recueilli à Noukahiva une variété ? du *Sorghum*

saccharatum L., qui n'est pas indigène des Marquises. La différence du sol et du climat peut avoir contribué à faire varier l'espèce linnéenne.

3. Le genre de cette espèce nouvelle est indiqué avec doute par Steudel.

4. La côte occidentale d'Afrique, ainsi que les îles de la mer du Sud, m'ont offert quatorze nouvelles espèces de *Panicum.* La belle espèce, *P. phyllomærum* et sa variété croissent dans les fourrés épais de la baie de Loango, Guinée méridionale ; la variété se distingue du type par ses feuilles plus larges et qui atteignent jusqu'à 60 centimètres de longueur.

Le *Panicum*, désigné sous le nom de *megaphyllum*, a les feuilles aussi longues que le précédent, mais elles n'ont pas moins de 7 à 8 centimètres de large. L'espèce que j'ai recueillie à Santo-Domingo (Antilles) est-elle bien le *P. latifolium* de Linné ? Elle est voisine du *P. divaricatum.* J'ai également recueilli à Santo-Domingo un autre *Panicum* à feuilles très-allongées et à panicules dressées, serrées, de 25 centimètres de longueur. *An nova species ?*

5. C'est dans l'île de Factory que j'ai recueilli ces deux nouvelles espèces. Les filets qui supportent les épillets uniflores de la première espèce sont filiformes et légèrement ondulés. L'île est très-verdoyante, peu explorée, et je suis convaincu qu'on y trouverait encore de nouvelles richesses botaniques.

6. Ce *Setaria* atteint une plus grande proportion que la même espèce de France et s'élève jusqu'à 5 et 6 décimètres et plus. Il y a, du reste, identité avec le type quant aux autres caractères. Les Kanacs l'appellent *pua pipii*, fleur qui s'attache, à cause de ses soies barbelées qui les font s'accrocher aux vêtements.

7. M. Steudel, en déterminant le *Pennisetum identicum*

qu'il a cru reconnaître comme nouveau, dit cependant dans sa note : « Nisi forsan pennisetum articulare (Trin.). » Il existe à Noukahiva une variété à soies blanches de cette dernière espèce.

8. Le *Cenchrus* non décrit a le chaume simple, à feuilles engaînantes, longues, très-nombreuses autour de la tige, atteignant la hauteur de l'épi. Celui-ci est solitaire, long, à épillets violacés, sessiles, à soies nombreuses dentées en scie. M. Steudel ne l'a pas déterminé. Le Dr Nadeaud ne signale à Taïti que le *Cenchrus echinatus* (Lin.).

9. Ce *Sporobolus* diffère de *Sp. matrella*, Nees. par sa taille plus grande, ses feuilles dépassant de beaucoup l'épi, qui est court, aggloméré. Il s'éloigne également des *Sp. spicatus* K[th] et *robustior* K[th], que j'ai aussi recueillis sur la côte occidentale d'Afrique. Non déterminé par M. Steudel.

10. Doit-on attribuer au climat glacé de l'Islande cette variété du *P. pratensis*, courte, à tige recourbée à la base et à panicule grosse et serrée au lieu d'être lâche. On peut aussi remarquer des différences dans les *Poa nemoralis*, L. et *Poa compressa*, L., qu'on recueille en France, et les mêmes espèces dans cette île, placée sous les 64,66 degrés de latitude nord.

La variété *vivipara* du *Poa bulbosa* est indiquée dans la liste de Vahl. Comme cette liste est faite par analogie, il est possible qu'on ne l'ait pas encore rencontrée.

11. Le savant agrostologue a reconnu une nouvelle espèce dans un *Eragrostis* que j'ai recueilli au Gabon, et a distingué deux variétés : la première, *major*, remarquable par l'ampleur de ses panicules, dont les branches font un angle très-ouvert avec la tige principale ; la seconde variété, *minor*, se distingue de la précédente par sa tige moins élevée, à feuilles plus serrées et par les rameaux secondaires qui portent les épillets, plus dressés et plus serrés les uns contre les autres.

Le Dr Sagot, qui a étudié quelques-unes de mes Glumacées, a reconnu une nouvelle espèce dans l'élégant *Eragrostis* que j'ai recueilli à Monterey, Nouvelle-Californie, et à laquelle il a donné le nom de *capillaris*, à cause de la ténuité de ses rameaux.

12. J'ai comparé le *Polypogon monspeliense* de l'île aux Cerfs avec l'espèce de Desfontaines qu'on trouve en France, et que je possède de diverses localités, et j'ai remarqué une différence notable dans la dimension de cette graminée, dans les feuilles plus étroites, dans les épis plus grêles, à arêtes moins longues, ce qui les fait paraître plus dénudés que dans l'espèce française : c'est au moins une variété.

13. Ce *Cynodon* est désigné par Steudel sous le nom spécifique de *flagellatus*, avec doute cependant; il pourrait n'être qu'une variété du *Cynodon dactylon*, Bert.

14. L'auteur du *Synopsis glumacearum* émet des doutes sur l'exactitude de sa détermination. *An El. indica*, Gœrtn., var., dit-il; les indigènes pensent que cette plante pourrait bien être importée.

15. *Ctenium serpentinum*, Steud. Les épillets insérés du même côté du rachis sont terminés par de longs poils soyeux. L'épi atteint plus de 15 centimètres et le rachis se contourne par la dessiccation ; c'est ce qui a valu son nom spécifique à cette espèce que j'ai recueillie à l'île de Miel (do Mel), une des Bissagos.

16. Je ramassais ces deux espèces d'*Uniola* à huit années d'intervalle; la première (*U. Jardini*), dans le chemin qui conduit de l'entrée de la rade de St-Paul de Loando (Guinée Méridionale) à la ville, et qui sert de promenade (alameda) ; l'autre (*Jardinei*), dans l'île aux Cerfs, baie de San-Francisco. La première a les épillets rares et clair-semés sur la tige, arrondis, ovoïdes, cimiciformes, les feuilles filiformes; la seconde espèce en diffère par le chaume bien plus

fourni en feuilles, dont quelques-unes atteignent et même dépassent le sommet de l'épi, lequel est composé d'épillets allongés pédicellés, assez nombreux pour qu'on ne distingue pas le rachis.

17. J'ai essayé plusieurs fois de me procurer de nouveaux échantillons de ce genre constaté par Steudel, je n'ai pu y parvenir. La description, comme celle des nouvelles glumacées, est faite dans le *Synopsis* du botaniste allemand. C'est une graminée de grande taille, je ne saurais dire si je l'ai recueillie sur la rive droite du Gabon, près du village du roi Denis, ou sur la rive gauche, où sont les établissements français.

18. Cette jolie graminée croît à Crawford, une des îles de Loss, côte occidentale d'Afrique, dans les fentes des rochers exposés au soleil, où la chaleur et la sécheresse sont extrêmes.

19. Cette nouvelle espèce de *Saccharum* n'atteint pas une taille aussi élevée que le *S. officinale*. La panicule est grande, d'un blanc jaunâtre, les feuilles très-allongées, à nervure médiane très-accentuée, lisses sur la surface, rudes sur les bords, fortement engaînantes et très-rapprochées, alternant à droite et à gauche de la tige. Les indigènes l'appellent *To* et *Kakao;* ce dernier mot signifie aussi *écriture*. Les indigènes de Taïti appellent *To aheo* le *Saccharum spontaneum* de Linné (Dr Nadeaud).

20. Par suite d'erreur dans un numéro, M. Steudel appliquait le nom de *Guineense* à deux espèces d'*Andropogon* distinctes l'une de l'autre; à l'une d'elles se rapporte la note ci-après, qu'il inscrivait sur l'étiquette : « *Andropogoni* « *arrhenobasis* (Hostt.), *valde affinis, sed vix dubie specie* « *diversus.* »

L'étiquette de mon herbier ne porte pas le nom de la localité où j'ai recueilli l'*A. densiflorum*, Steud., remarquable par l'agglomération en forme de capitule de tout l'épi floral. Ce doit être de la côte occidentale d'Afrique. L'*A. exertum*, St., v. *tenuissimum* a la tige si faible et si déliée qu'elle ne peut se soutenir ; comme cette graminée pousse par touffes, l'ensemble fait masse, mais le moindre vent la courbe aussitôt. J'ai recueilli cette curieuse glumacée à Factory, îles de Loss.

CYPÉRACÉES.

1. *Fuirena pubescens*, Steud. . . . . LOANGO.
2. *Hyprolepis denudata*, Steud. . . . . LOANGO.
3. *Fimbristylis umbellifera*, Steud. . . . . HONOLULU.
   — *rivularis*, Steud. . . . . GABON.
   — *vestita*, Steud. . . . . GABON.
   — *fuscata*, Steud. . . . . LOANGO.
   — *Nukahivensis*, Steud. . . . . NOUKAHIVA.
   — *separanda*, Steud. . . . . NOUKAHIVA.
   — *tertia*, Steud. . . . . NOUKAHIVA.
   — *Marquesana*, Steud. . . . . NOUKAHIVA.
4. *Isolepis* . . . . MONTEREY.
5. *Scirpus nudissimus*, Steud. . . . . HONOLULU.
   — *Jardinei*, Steud. . . . . HONOLULU.
   — *hyalinolepis*, Steud. . . . . OAHU.
6. *Cyperus submonastichyus*, Steud. . . . . OAHU.
   — *Honoluluensis*, Steud., v. *composita*. . . . OAHU.
   — — v. *simplici-umbellata*, Steud. OAHU.
   — *Valdiviæ*, Steud. . . . . CHILI.
   — *Jardinei*, Steud. . . . . LOANGO.
   — — var. . . . . LOANGO.
   — *spicato-capitatus*, Steud. . . . . LOANGO.
   — *Bulamensis*, Steud. . . . . BISSAGOS.
   — *macreilema*, Steud. . . . . NOUKAHIVA.
   — *consocius*, Steud. . . . . NOUKAHIVA.
   — *ischnostachyus* . . . . TAÏTI.
7. *Killingia Honolulu*, Steud. . . . . HONOLULU.
   — *monocephala*, L., v. *subtricephala*, Steud. TAÏTI.

8. *Mariscus cylindrostachyus*, Steud. . . . . Gabon.
9. *Craspectotylis giganteum*, Steud.. . . . . Saucelito.

OBSERVATIONS.

1. Ce *Fuirena*, à feuilles caulinaires peu nombreuses, étalées, est remarquable par sa pubescence, surtout dans les feuilles supérieures et par les tiges florales ainsi que les épillets couverts d'un duvet blanchâtre, abondant, qui fait paraître l'épi comme couvert de poussière.

2. Les tiges de cet *Hyprolepis* sont simples, munies à la base de quelques feuilles rares, fortement engaînantes, appliquées sur la tige; l'épi est globuleux, terminal, solitaire, muni de quelques bractées.

3. Dans le genre *Fimbristylis*, Steudel a reconnu 8 nouvelles espèces : la première, *F. umbellifera*, est de petite taille; les feuilles ne dépassent pas le tiers de la tige, les épis sont solitaires en ombelle irrégulière à bractées dépassant l'ombelle. Les capsules, en tombant, laissent sur le rachis une impression profonde.

Les *F. rivularis et vestita* sont du Gabon; le premier, de 20 centimètres, a les épillets solitaires ou multiflores, ovoïdes et beaucoup plus gros que ceux de l'espèce suivante *(vestita)*, dont la taille est bien plus grande (70 centimètres), les feuilles et les tiges plus grêles, les épillets plus nombreux, terminaux, portés par de longs pédoncules munis à la base de poils soyeux.

J'ai un échantillon du *F. fuscatus* qui porte à la fois un épi solitaire et un épi composé de nombreux épillets à longs pédoncules se ramifiant, ce qui est le caractère de cette espèce. La base de la tige est munie de quelques feuilles étroites et enveloppée d'une gaîne scarieuse, roussâtre. Des poils, nombreux sur les jeunes feuilles, tombent à mesure que la feuille se développe. Sur les quatre espèces qui suivent, *F. Nukahivensis, separanda, tertia, Marquesana*, j'ai donné quelques détails dans mon *Essai sur l'histoire naturelle des Marquises*, partie botanique. Les détails anatomiques sont consignés dans le *Synopsis glumacearum* de Steudel.

4. *Isolepis*... Cette petite *Cypéracée* qui croît dans les sables, aux environs de Monterey, a la tige simple, les feuilles peu nombreuses, les épis terminaux solitaires; elle n'a pas été déterminée par Steudel.

5. Le *S. nudissimus*, Steud., se compose d'une tige terminée par un épi grêle, d'où son nom spécifique; mais Steudel ajoute : nisi forte *Eleocharis palustris*, var.? La seconde espèce de la liste atteint plus d'un mètre; la tige est terminée par une petite pointe aiguë, du pied de laquelle part l'épi composé d'épillets pédonculés, gros, roussâtres. Steudel doute que ce soit une espèce nouvelle, car il ajoute en note : *an Scirpus Meyenii* (Nees)? Un troisième *Scirpus* est remarquable par ses longues feuilles caulinaires, ses longues bractées et la couleur jaune paille de ses épis gros et agglomérés, sessiles et pédonculés.

Une espèce, se rapprochant un peu du *S. medissimus*, mais plus grande, n'a pas été déterminée.

6. Le genre *Cyperus* offre onze espèces ou variétés nouvelles. L'espèce *Honoluluensis* se compose de deux variétés qui se distinguent l'une de l'autre par le plus grand nombre d'épillets dont se compose l'épi de la première variété, *composita*, et par la longueur des pédicelles de ces épillets, qui forment, dans la seconde variété, une espèce d'ombelle. L'une et l'autre sont munies de longues bractées.

Le *C. Jardini* a de 30 à 50 centimètres de haut; les racines sont fibreuses, la tige arrondie, les feuilles nombreuses, atteignant presque la hauteur de l'épi, qui est muni de bractées, globuleux, à épillets sessiles, d'un brun clair, à écailles roussâtres, un peu scarieuses sur les bords. La variété se distingue du type par son épi formant capitule, moins serré, les épillets plus lâches, et peut-être aussi par son port plus élevé.

Les épis du *C. spicato-capitatus* sont en capitules serrés; les épillets formant un angle droit avec le rachis, les feuilles, d'un vert très-pâle, sont fortement scabres sur les bords. Le *Cyp. bulamensis* a la racine fibreuse; quelques feuilles seulement dans la partie inférieure d'une tige qui supporte un petit nombre d'épis sessiles ou portés sur des pédoncules d'inégale longueur, accompagnés de bractées, dont deux dépassent l'ombelle. Les épillets sont lâches, divariqués. On trouve cette espèce à Boulam, île de l'archipel des Bissagos.

Le *C. macreilema*, St., est une très-belle espèce et dont j'ai parlé dans la flore des îles Marquises, ainsi que de l'espèce suivante.

7. Le *Killingia Honolulu*, Steud., est une petite espèce, à tige rampante, les tiges secondaires rangées à distance égale et s'élevant au-dessus du sol à 5 centimètres, diminuant de hauteur à mesure qu'elles s'éloignent de la racine. Ces tiges sont munies de deux feuilles à la base, l'une d'elles plus longue que l'autre et recourbée en faux. Le capitule floral est muni de longues bractées. Il y a presque symétrie dans cette petite plante. Le docteur Nadeaud indique la variété *subtriceps du Killingia monocephala*, c'est évidemment la même plante que la var. *subtricephala* de Steudel.

8. *Mariscus cylindrostachyus*, Steud., espèce nouvelle du Gabon, ainsi désignée à cause de la forme de ses épis qui font une ombelle irrégulière, munie à la base de longues bractées.

9. Le *Craspedostylis giganteum*, Steud., est une nouvelle *Cyperacée*, remarquable par sa taille de plus d'un mètre,

par sa grosse tige, terminée par une pointe rigide cachée dans de nombreux épis, les uns naissant à la base de la pointe, les autres portés sur un pédoncule commun qui les élève au-dessus de cette pointe. C'est une fort belle espèce qui ne doit pas avoir échappé aux investigations des botanistes de San-Francisco; je l'ai trouvée à Saucelito, point de la baie peu distant de la ville.

CANNACÉES.

Canna indica, L., var. . . . . HONOLULU.

OBSERVATIONS.

Le *C. indica* que j'ai recueilli aux Sandwich a les feuilles plus petites que celles du *C. indica*, L., terminées en pointes très-allongées; il me paraît constituer une variété différente du type.

BETULACÉES.

Alnus viridis, DC., var. . . . . HALIFAX.

ORSERVATIONS.

On rencontre à Halifax (Nouvelle-Ecosse), une variété de l'*Alnus viridis*, dont la flore des États-Unis du Nord d'Asa Gray ne fait pas mention. Elle diffère du type par son port plus robuste, ses feuilles plus cotonneuses et ses chatons mâles sessiles.

CUPULIFÈRES.

Quercus lobata, Nees? . . . . CALIFORNIE.
— *berberidifolia*, Liebm. . . . . CALIFORNIE.

OBSERVATIONS.

La Californie et l'Orégon sont très-abondants en différentes espèces de *Quercus*. Je n'en ai rapporté que deux espèces : l'une, qui paraît se rapporter au *Q. lobata*, ou *Douglasii*; l'autre, au *Q. berberidifolia*. Ils font partie de la section *Lepidobalonus*, à ovules avortés, à maturation annuelle (voir Prodr. de De Candolle, Œrsted, Coutance, *Histoire du chêne*).

SALICINÉES.

(1). *Salix polaris* Vahl., var. . . . . ISLANDE.

OBSERVATIONS.

Vahl., auteur d'une liste de plantes que l'on suppose exister en Islande, ne mentionne pas le *Salix polaris*. La variété que j'ai recueillie, en même temps que l'espèce, diffère du type par ses feuilles plus petites, orbiculaires, dentées en scie; l'aspect de cette variété est encore plus nain, plus rabougri, que celui de l'espèce. Doit-on l'attribuer à une station dans un lieu plus pierreux, plus dépourvu de terre végétale (1) ?

URTICACÉES.

1. *Urtica dioïca*, L., var. . . . . ILE AUX CERFS.
— . . . . GABON.

(1) Cette liste est insérée dans le volume *Minéralogie et géologie du voyage de la Recherche en Islande*).

2. *Fleurya caravellana* var. . . . . BASSE-TERRE.
3. *Pilea muscosa*, Lind., var.. . . . . MARTINIQUE.
— *pubescens* var. ?. . . . . GUADELOUPE.
— 2 espèces. . . . . GUADELOUPE.
4. *Boehmeria*, 2 espèces.. . . . . SANDWICH.

OBSERVATIONS.

Dans la famille des *Urticacées*, je n'ai point rencontré d'espèces nouvelles, sauf peut-être dans les deux *Pilea* et *Bochmeria*, non déterminées, mais des variétés de quelques espèces dans les genres *Urtica, Fleurya* et *Pilea.*

1. L'étude de l'échantillon recueilli dans l'île aux Cerfs ne permet pas de donner des détails certains sur cette variété de l'*U. dioïca*; on remarque cependant la tige, très-cotonneuse, ainsi que la partie inférieure des feuilles qui sont fortement dentées, ovales-lancéolées et non en cœur à la base. Un autre *Urtica* a, au contraire, les feuilles dentées, presque rondes, terminées par une pointe, peu velues, et les pédoncules floraux se ramifiant à l'extrémité.

2. Le *Fl. caravellana* que j'ai recueilli sur les bords de la rivière du Gabon, à la Basse-Terre, doit-il être considéré comme une variété du type à cause de ses feuilles plus étroites et de ses fleurs plus ramassées, moins longuement pédonculées ? La plante est aussi de plus petite taille.

3. On trouve par la route du Prêcheur (Martinique) une variété du *P. muscosa*, Lind., qui diffère de l'espèce par sa tige plus ligneuse, son port plus grand. Est-ce une variation de cette plante, eu égard au sol dans lequel elle croît ou une variété constante ?

Un échantillon de la Guadeloupe paraît aussi être une variété du *P. pubescens* de Lieb., mais n'ayant pas le type sous les yeux, je ne pourrais qu'imparfaitement indiquer les différences. La plante en question est rameuse, à feuilles brièvement pétiolées, dentées en scie; les fleurs, en panicules, sont portées sur de longs pédoncules grêles, terminaux.

Deux autres espèces existent encore à la Guadeloupe; peut-être y en a-t-il davantage, mais de celles que j'ai recueillies, la première a les feuilles entières très-longuement pédonculées et les fleurs en panicules; la seconde a ses feuilles entières, allongées. Ces espèces, mises en présence l'une de l'autre, sont visiblement différentes.

4. Deux *Boehmeria*, de Mani, archipel des Sandwich, n'ont pas été déterminés. Ce sont des espèces ligneuses, comme le *B. argentea*, Forst., mais dont les feuilles sont plus petites et les fleurs sessiles au lieu d'être pédonculées comme dans le *B. ramiflora* de Jacq.

PIPERACÉES.

(1). *Peperomia*. . . . . GUADELOUPE.
(2). *Piper angulatum* R. et S.?. . . . . TAIOHAE.
. . . . *an methysticum*, Forst.. . . . CÔTE OCC. D'AFRIQUE.

OBSERVATIONS.

(1) Cette espèce a la tige fortement striée, les feuilles ovales cunéiformes, opposées, pétiolées, entières, les fleurs naissent sur des rameaux axillaires, en épis longs et étroits, de plus petite taille que le *P. obtusifolia.*

2. Les Kanacs appellent cette espèce de piper, *kawa kawa iki*, petit-piper, parce qu'elle est beaucoup plus petite que celle dont ils se servent pour composer leur boisson (1).

(1) Pour le mode de préparation du kawa, voir ma Notice sur l'archipel de Mendana ou des Marquises, extrait d'un voyage (mss.) en Océanie, *Mém. de la Société acad. de Cherbourg*, année 1856, etc.

Le *P.* que j'ai trouvé au Gabon paraît se rapprocher du *P. methysticum* de Forster. J'ai encore recueilli dans deux localités bien différentes de la côte d'Afrique, à Factory, îles de Loss et au Gabon ou à l'Ile-du-Prince, deux *piper*, un *Peperomia*, qui paraissent être la même espèce. Ils ne sont pas éloignés du *Peperomia pellucida*, H. B. K., mais de dimensions bien plus petites.

EUPHORBIACÉES.

(1). *Euphorbia*	GABON.
(2). *Ricinus communis*, L., var.	MARTINIQUE.
(3). *Croton Jardini*, Müll.	MARTINIQUE.
— *Martinicensis*, Müll.	MARTINIQUE.
— (*affine plicato*).	MARTINIQUE.
(4). *Phyllanthus Jardini*, Müll.	NOUKAHIVA.
— *pacificus*, Müll., *in Linn.*	NOUKAHIVA.
— *hoffmanseggii*, Müll., *in Linn.*	GUADELOUPE.
— *lathyroides B. gernuinus*, Müll. . . .	MARTINIQUE.
Phyllanthus, non descrip.	MARTINIQUE.
(5). *Euphobiacées*, 3 espèces.	GABON.

OBSERVATIONS.

1. L'*Euphorbia*, qui n'a pas été déterminée, croit au Gabon, dans la partie sablonneuse voisine du rivage. Ses rameaux sont faibles, diffus, rampants, les feuilles pédonculées, opposées, obovées, un peu velues, très-faiblement dentées, les capsules grosses, unies. Une autre espèce non déterminée se trouve aussi à Mani (Sandwich); elle est de petite taille, à feuilles petites, elliptiques, opposées. Il serait nécessaire, pour une détermination exacte, d'avoir des échantillons plus complets.

2. On trouve aux pitons Didier (Martinique) une variété

du *R. communis.* Le port est plus petit, les feuilles moins larges, les fleurs et graines moins grosses ; est-ce à cause de l'élévation de cette localité au-dessus du niveau de la mer, ou n'est-ce qu'une variation de l'espèce dans quelques pieds de ricin seulement ?

3. Le *Prodrome* de De Candolle (vol. XV, p. 626) donne la description du *C. jardini*, Müll., à tiges droites, simples, à feuilles alternes, longuement pétiolées, d'un vert jaunâtre, surtout les supérieures, à fleurs agglomérées en épi au sommet de la tige. Cette espèce diffère du *C. martinicensis*, qui a les feuilles plus lancéolées, entières, moins longuement pétiolées, comme argentées en dessous et les épis floraux poussant latéralement ainsi qu'au sommet de la tige.

4. Les *Phyllanthus* sont très-nombreux, surtout en Amérique. J'en ai recueilli plusieurs espèces nouvelles dont quelques-unes ne sont pas encore décrites ; c'est un *Phyll.* des Sandwich, à feuilles grandes, ellipsoïdes, brièvement pédonculées, à tiges simples..... Serait-ce le *Ph. macrophyllus ?* ; à Mani (Sandwich) un autre *Phyllanthus.* Les autres espèces que j'ai recueillies sont comprises dans le travail de C. Müller sur les *Euphorbiacées.* La description du *Ph. Jardini* est donnée à la page 386 du XVe volume du *Prodrome* ; celle du *Phyll. pacificus*, à la page 386 ; celle du *Phyll. lathyroïdes B. genuinus,* à la page 404 et celle du *Phyll. diffusus*, Klotzsch, β. *genuinus*, qui est le *Phyll. Hoffmanseggii* de Müller, à la page 410. Cette dernière espèce a été également trouvée à Mexico, dans la Nouvelle-Grenade, au Pérou et au Brésil, ce n'est donc qu'une nouvelle localité que j'indique. Le Dr Sagot regarde cette espèce comme un *Phyll. microphyllus.* Le genre *Phyllanthus* est peut-être un des plus difficiles à étudier.

5. Trois *Euphorbiacées*, dont le genre est à déterminer, croissent au Gabon. La première, que les naturels appellent

Loa pou, est un arbuste à feuilles grandes, lancéolées, entières, à fleurs à grappes axillaires allongées, opposées aux feuilles, munies à la base de stipules linéaires.. La seconde est appelée *Bougou* et sert de vomitif; l'état de l'échantillon est trop incomplet pour en essayer une description sommaire; cette espèce est ligneuse, les feuilles pétiolées sont entières, ovales. Est-ce une *Euphorbiacée ?* Et de même d'une espèce de l'Ile-du-Prince, à tige lactescente, et dont les feuilles sont très-irrégulières, quelques-unes ovales-lancéolées, d'autres paraissant tronquées, d'autres à limbe décurrent le long de la tige. Je regrette de ne pas avoir un échantillon plus complet de cette plante curieuse.

Je signalerai encore dans cette famille un *Tragia* recueilli aux îles de Loss. Plante très-velue dans toutes ses parties, poils soyeux, blanc jaunâtre, dressés, à feuilles opposées, longuement pétiolées, dentées en scie, cordiformes allongées; ses fleurs naissent dans l'aisselle des feuilles. Les naturels de ces îles appellent cette plante *Fokdouki*.

BEGONIACÉES.

Begonia delicatula, Nob. FACTORY.

OBSERVATIONS

Alph. De Candolle, dans son Mémoire sur la famille des *Bégoniacées* (*Ann. des Sc. nat.*, 1859, 4e part., p. 11), constate que l'Afrique occidentale n'est pas dépourvue de plantes de cette famille, comme l'indique R. Brown. J'ai trouvé à Factory, une des îles de Loss, au pied des rochers ombragés, là où il se trouve un peu de terre végétale, une espèce que je crois nouvelle. Elle est remarquable par la délicatesse de toutes ses parties. Les feuilles, d'un vert tendre, sont tachetées de points blancs, au milieu desquels s'élèvent des poils rigides; les fleurs sont du rose le plus tendre; les graines, très-nombreuses, sont roussâtres, presque impalpables. J'en ai parlé dans mes « *Herborisations sur la côte occidentale d'Afrique.* »

CUCURBITACÉES

1. *Bryonia*? . . . . Loango.
2. *Momordica*. . . . . Gabon.

OBSERVATIONS.

1. Cette *Cucurbitacée* est à tige ligneuse, feuilles grandes, entières, terminées par une pointe bien accentuée, fortement échancrée en cœur à la base; vrilles naissant à l'opposé des feuilles, près des tiges florales, plus longues que les feuilles. Fleurs groupées à l'extrémité des tiges, en forme de thyrse, les tiges florales sont fortement sinuées après la chute des fleurs, dont les pédoncules restent fixés à la tige. Est-ce un *Byronia*?

2. Cette espèce de *Momordica* est à tige grimpante, striée, légèrement velue, à vrilles auxillaires, feuilles quinquelobées, à sinus inégaux, arrondis; les fleurs sont grandes, la corolle à pétales arrondis, portée sur de longs pédoncules. A l'aisselle des feuilles, des stipules arrondis. Je l'ai recueillie dans les fourrés, sur les bords de la rivière du Gabon. Est-ce une espèce nouvelle?

LAURINÉES.

(1). *Tetranthera polygonioïdes*, Moq., *forma*. . . . Antilles.
(2). *Laurus Cinnamonum*, L. ?. . . . . Ile-du-Prince.

OBSERVATIONS.

(1) J'ai trouvé à la Martinique et à la Guadeloupe une forme particulière du *T. polygonioïdes*, Moq., très-serrée, compacte et petite. Peut-on la considérer comme une variété (compacte) du type?

(2) Je signale à l'île du Prince, dans le golfe du Benin, le *L. Cinnamonum*, L., appelé par les naturels *Pinikau*, et qui diffère de l'espèce qu'on trouve à Ceylan. Ce laurier est cultivé, ou du moins planté. Je ne sais pas s'il se trouve sauvage dans l'île. A Azeitone, dans l'intérieur, on pouvait en voir, en 1846, une longue et belle avenue conduisant à l'habitation du propriétaire. L'air dans les environs était parfumé des senteurs aromatiques qu'exhale cet arbre.

POLYGONÉES.

1. *Eriogonum*. MONTREEY.
2. *Polygonum*. SACRIFICIOS.
3. *Rumex*. . . . . SAN-FRANCISCO.

OBSERVATIONS.

1. Les *Eriogonum* sont des sous arbrisseaux, ou herbes de l'Amérique du Nord. L'espèce que j'ai recueillie à Monterey est remarquable par la couleur noire de la partie supérieure de ses feuilles épaisses, qui contraste avec la couleur blanche de l'espèce de bourre qui recouvre la partie inférieure. Les fleurs sont en capitules axillaires, caulinaires et terminaux. Le nom spécifique de cette plante ne m'est pas connu.

2. Le *Polygonum* de Sacrificios est voisin du *P. hydro-*

piper, mais il en diffère par ses feuilles plus larges et l'épi floral plus serré, plus condensé.

3. Grande et belle espèce de *Rumex*, croissant dans le voisinage de San-Francisco, à tige rameuse, s'élevant jusqu'à un mètre, striée, à feuilles ovales-lancéolées, entières, à longs pétioles ; corymbes florifères axillaires et terminaux, fleurs nombreuses, pédonculées, graines grosses. Cette espèce noircit fortement par la dessiccation ; elle n'est pas encore déterminée dans ma collection.

PHYTOLACCÉES.

Plusieurs espèces dans les genres *Rivinia* (de St-Domingue et de la Martinique) et *Phytolacca* (de Oahu, Sandwich), n'ont pas été déterminées. le *Ph. d'Oahu* est à feuilles très-entières, obovales, quelquefois obcordées à panicules de fleurs se ramifiant, à fleurs alternes sur la tige qui est mince, déliée et non grosse comme dans les autres espèces. Celle-ci pourrait peut-être former une nouvelle division dans le genre *Phytolacca*, par ses rameaux paniculés et non spiciformes.

NYCTAGINÉES.

1. *Boerhavia*, 3 espèces. . . . . GABON.
Abronia. . . . . MONTEREY.

OBSERVATIONS.

1. L'espèce de *Boerhavia* du Gabon est à tige droite, un peu striée longitudinalement. De distance en distance se forment des nœuds qui donnent naissance à trois feuilles ovales rugueuses en dessous, ponctuées en dessus, et a des fleurs petites, pédonculées ou sessiles. Elle est à déterminer,

ainsi qu'une seconde espèce que les naturels appellent *Ijone*, et une troisième, recueillie au Bissagos.

2. Les *Abronia* sont des plantes californiennes. L'espèce que j'ai recueillie sur le rivage de Monterey est visqueuse et garde encore le sable qui adhérait à sa tige et à ses feuilles. Il ne sera pas difficile de déterminer cette espèce, nouvelle ou déjà décrite.

AMARANTHACÉES.

1. *Amaranthus*.	SANDWICH.
2. *Celosia*.	LOANGO.
3. *Gomphrena*.	SACRIFICIOS.
4. *Alternanthera*, 3 espèces	CÔTE OCC. D'AFRIQUE.
5. *Achyranthes*, 4 espèces.	CÔTE OCC. D'AFRIQUE.

ORSERVATIONS.

1. Gaudichaud, dans son voyage autour du monde, ne signale aux Sandwich qu'un *Amaranthus* dont il ne désigne pas l'espèce (1). J'en ai recueilli deux, l'un à Oahu, à panicules latérales allongées, garnies à la base et dans la longueur de la panicule, de feuilles oblongues, arrondies au sommet et terminées par une pointe; la seconde, dans l'île Maüi, à fleurs en panicule blanchâtre, terminales, à feuilles ovales-acuminées, couvertes en-dessous d'un duvet blanchâtre et soyeux, qui les fait paraître comme veloutées. La plante désignée sous le nom d'*Am. paniculatus*, L., dans cette collection, est-elle bien l'*A. paniculatus* du savant naturaliste? Les habitants du pays l'appellent *Ogondja*.

2. Le *Celosia* que j'ai ramassé à Loango a les tiges

(1) Les *Asn. Gaugeticus* L. et *melancholicus* (Moq. tand.), croissent à Taïti.

longues, les feuilles pétiolées, entières, ovales, terminées en pointe; les tiges florales naissant à l'aisselle des feuilles, les fleurs en épi lâche, à bractées scarieuses, brillantes. Ce *Celosia* diffère du *C. trygina* par ses épis beaucoup plus fournis, ses feuilles plus grandes et moins longuement pétiolées. C'est assurément une espèce distincte. *An nova Sp.?*

3. La petite île de Sacrificios, près de Vera-Cruz, offre deux espèces de *Gomphrena*. La première, assez semblable au *G. globosa*; la seconde, à tige basse, velue, ainsi que les feuilles, qui sont petites, entières, ovales, opposées; les fleurs sont en épis terminaux et axillaires, munies de bractées ovales lancéolées, laineuses. Le *G. globosa*, L. que j'ai recueilli au Gabon a les feuilles moins larges que le type, eu égard à leur longueur. Endlicher ne signale ce genre que dans l'Asie, l'Amérique tropicale et la Nouvelle-Hollande. Je l'ai trouvé en divers points de la côte occidentale d'Afrique et dans les îles de la Société; peut-être le *G. globosa*, qui est une jolie plante d'ornement, y a-t-il été importé.

3. Les *Alternanthera* sont représentés sur la côte occidentale d'Afrique par plusieurs espèces. Outre l'*A. achyrantha* des îles Açores, je dois signaler une espèce de ce genre, des îles de Loss, du Gabon et de Loango, plante maritime, à feuilles allongées, épaisses, ressemblant à celles du pourpier, à fleurs en capitules argentés, terminés en pointe; une seconde espèce, du Gabon, à feuilles rondes, sessiles, épaisses, rugueuses, agglomérées le long de la tige qui est traçante; à capitules petits, naissant dans l'aisselle des feuilles; enfin une troisième, de St-Paul de Loanda, qui pourrait se rapporter à l'*A. achyrantha* des Açores.

4. Outre les *Achyranthes argentea*, Land., des Açores et *aspera*, Lin.? de Gorée, j'ai recueilli en divers points de la côte occidentale d'Afrique, au Sénégal, dans le Rio-

Nûnez, au Gabon et à Loango, des espèces de ce genre qui, comparées entre elles, offrent des différences tant sous le rapport des feuilles plus ou moins grandes et allongées, que sous celui de l'épi plus ou moins fourni. L'espèce de Loango est remarquable par le périgone épineux de ses fleurs qui, terminé par un aiguillon recourbé, s'accroche avec force aux objets qu'il rencontre, comme fait en France le *Galium aparine L.* Richard (voy. de l'*Astrolabe)* signale aux Tonga l'*A. virgata* de Poiret, et dans la Nouvelle-Guinée l'*A. prostrata*, Lamk. Il est possible que les échantillons africains se rapportent surtout à la première espèce.

ATRIPLICÉES.

(1). *Chenopodium*	MONTEREY.
— *Sandwichense*, Moq.	HONOLULU.
2. *Atriplex*.	MONTEREY.
3. *Salicornia*, *herbacea* L. ?	ILE AUX CERFS.
4. *Chenopodacée*.	SAN-FRANCISCO.

OBSERVATIONS.

(1) Je dois, faute de détermination plus précise, me contenter de signaler, à Monterey, deux *Chenopodium*, l'un d'eux, de petite taille, à feuilles entières, ovales lancéolées, à fleurs petites, agglomérées en capitules portées sur de longs pédoncules ; l'autre, de plus grande taille, à tige striée, à feuilles triangulaires, dentées irrégulièrement ; les fleurs, très-petites, sont réunies en épi terminal ; quelques fleurs axillaires au sommet de la tige. Cette dernière espèce a un peu le *facies* du *Ch. murale*. A Honolulu, dans une plaine voisine de cette ville, j'ai ramassé le *Ch. Sandwichense*, Moq., à tiges droites et arrondies, à feuilles inférieures ovales, entières, pétiolées ; celles des jeunes ra-

meaux, longuement pétiolées, sinuées-dentées; à fleurs petites, verdâtres, en grappes axillaires et terminales. C'est probablement le *Ch. Sandwicheum* du *Prodr.*, 13, p. 67. Un autre *Ch.* de Oahu, variété? du précédent est de bien plus petite taille, quoique offrant les mêmes caractères. Cet état rabougri tient-il à la nature du terrain dans lequel a végété l'échantillon que j'ai récolté? Enfin, une troisième espèce, également de Oahu, diffère de la première par son port plus grêle et par les rameaux qui portent les fleurs, garnis de petites feuilles ovales-allongées. C'est une espèce bien distincte du *Ch. Sandwichense.*

2. Plusieurs espèces d'*Atriplex* croissent sur les côtes de Californie; l'une d'elles a les feuilles inférieures hastées dentées, les supérieures entières lancéolées; l'autre, les feuilles ovales entières, et se rapportant aux *A. portulacoïdes* et *crassifolia.* Je regrette de ne pouvoir donner le nom de ces espèces.

3. Est-ce au *S. herbacea*, L., que doit se rapporter l'espèce de ce genre qui croît sur les bords de l'île aux Cerfs? L'échantillon que j'ai sous les yeux dénote une plante plus robuste, les gaînes des articulations plus accentuées.

4. On trouve près de San-Francisco une plante de la famille des *Chenopodées* à tiges anguleuses, à feuilles opposées, pétiolées, à dents irrégulières très-prononcées, petites, à fleurs verdâtres sur un épi allongé, réunies le long de la tige par groupes de 2-3. Les botanistes californiens doivent maintenant être fixés sur le nom de cette espèce.

PORTULACÉES.

Sesuvium? sp. nov. HONOLULU.
— *portulacastrum*, L.? . . . . HONOLULU.
— — . . . . MAUI.

OBSERVATIONS.

Il y aurait lieu d'étudier anatomiquement l'espèce que j'ai recueillie sur les flancs du Diamant, volcan éteint à 3 milles de Honolulu, et qui paraît être une espèce nouvelle. La tige est couverte de longs poils blanchâtres, les feuilles alternes, les fleurs pédonculées, solitaires, axillaires. Est-ce un *Sesuvium ?*

L'espèce indiquée sous le nom de *S. portulacastrum*, L., est-elle bien celle que l'auteur du *Système des plantes* a voulu désigner dans sa trop courte description ? Une autre espèce, ou au moins une variété de la précédente, se trouve à Maui. Elle a le port du *Portulacastrum*, mais plus développé.

FRANKENIACÉES.

Frankenia. . . . . SAN-FRANCISCO.

OBSERVATIONS.

Cette espèce, noircissant par la dessiccation, est rameuse, à feuilles oblongues, entières en faisceaux, s'enroulant sur elles-mêmes, à fleurs axillaires ou terminales, dont le calice tubuleux est marqué de profonds sillons ; cette espèce est plus grande que celle que nous avons en France. Elle a un peu le port d'un *Galium*.

VIOLARIÉES.

Viola stipularis, Sw. . . . . GUADELOUPE.

OBSERVATIONS.

J'ai recueilli dans le cratère de la Soufrière, à la Guadeloupe, le *V. stipularis* Sw., mais bien différent de celui qui se trouve dans la plaine. La plante est beaucoup plus petite, les feuilles plus serrées contre la tige. Au premier aspect, on croirait voir une autre espèce. Cet état rabougri vient sans doute de l'altitude à laquelle j'ai recueilli ces échantillons, le cratère étant à 4,000 pieds environ au-dessus du niveau de la mer.

Le *Prodromus floræ novæ Granatensis* de Triana et Planchon signale cette espèce à une altitude de 2270 mètres.

DROSERACÉES.

Parnassia palustris, L., var. . . . . ISLANDE.

OBSERVATIONS.

J'ai recueilli, en Islande, une variété du *P. palustris*, dans laquelle la feuille caulinaire n'existe pas ou du moins n'est indiquée que par un renflement de la tige.

OXALIDÉES.

Oxalis corniculata, L., var. . . . . MARTINIQUE.

OBSERVATIONS.

Cette variété de l'*O. corniculata*, que j'ai recueillie aux Trois-Ilets, se distingue du type par ses pédoncules uniflores, les autres fleurs étant avortées; par sa tige plus allongée, et la taille plus petite que l'espèce linnéenne. Il en est de même de l'espèce noukahivienne, si cette dernière n'est pas l'*O. reptans* Soland.

GERAINÉES.

1. *Erodium*. . . . . MONTEREY.
2. *Geranium*. . . . . OAHU.

OBSERVATIONS.

1. Cet *Erodium*, à feuilles et tiges couvertes de poils blancs, dressés, se rapproche du *E. cicutarium* et *E. Lebelii*, Jord. Il est difficile de le déterminer sur un échantillon sec. Cette plante est abondante sur les rivages sablonneux qui avoisinent Monterey.

2. On trouve à Oahu des touffes d'une plante d'une blancheur argentée, à fleurs grandes et solitaires sur chaque rameau. Cet aspect vient des feuilles qui sont entières, ovales, tridentées à l'extrémité et couvertes sur les deux faces d'un duvet blanc, soyeux, appliqué et non dressé. Cette espèce curieuse n'a pas dû échapper aux quelques botanistes qui ont visité les Sandwich. C'est un *Geranium*, an sp. nov.? Il existe à Maui le *Pelargonium Douglasii* dont je ne connais pas la fleur, mais qui a beaucoup de ressemblance avec le *Geranium* en question. Il en diffère cependant par ses feuilles quinquedentées au lieu d'être tridentées au sommet.

MALVACÉES.

1. *Abutilon*. . . . . MAUI.
2. *Sida* (an sp. nov.?). . . . . OAHU.
   — an *scabrum*?. . . . . LOANGO.
3. *Urena*, 2 espèces. . . . . GABON.
4. *Malva*. . . . . SAN-FRANCISCO.
5. *Hibiscus*, sp. nov. non descrip. . . . . { MAUI. LOANGO.

OBSERVATIONS.

1. L'*Abutilon* de Maui a de la ressemblance avec le *Sida rhombifolia*, L. C'est une plante à feuilles opposées, obovées, dentées en scie, d'un vert pâle, veloutées, à longs pétioles munis à la base de feuilles bractéolaires. Les fleurs, solitaires, sont portées sur de longs pédoncules, le calice, persistant, est composé de 5 sépales triangulaires ; la corolle, de 5 pétales, dépasse de moitié le calice. L'ovaire quinqueloculaire contient quelques graines rondes, noires, rugueuses. Est-ce une espèce nouvelle ?

2. Même doute pour le *Sida* recueilli à Oahu, dont la tige est arrondie, les feuilles ovales, veloutées, finement dentées, opposées, à pétiole continuant la nervure médiane, stipules presque rudimentaires ; ses fleurs, groupées à l'extrémité des rameaux, sont pédonculées, à calice grand, profondément divisé en 5 lobes, à 5 pétales rougeâtres, marqués de lignes plus foncées. La plante est d'un vert jaunâtre, cotonneuse, comme l'*Althæa officinalis*.

J'ai recueilli à Loango un *Sida* à feuilles ovales, lancéolées dentées en scie, à fleurs pédonculées axillaires, en petit nombre le long de la tige. Est-ce le *Scabrum ?*

3. On rencontre au Gabon deux *Urena* dont l'aspect est bien différent. L'un d'eux, qui pourrait se rapporter à l'*A. lobata*, en diffère cependant par ses feuilles inférieures divisées en lobes inégaux, irréguliers, faiblement dentés, par leur consistance plus épaisse et par le feutre rougeâtre dont elles sont recouvertes inférieurement ; par ses feuilles supérieures ovales, lancéolées, sessiles, faiblement dentées, et par ses fleurs plus grandes, l'involucre et le calice recouverts de poils serrés, gros, glanduleux ; l'autre espèce est à tiges rondes, à feuilles d'un vert foncé en dessus, pubescentes,

réticulées en dessous, très-fortement lobées, à dents rares, à fleurs axillaires et terminales, grandes, le calice est à 5 divisions aiguës, striées, pubescentes, quelquefois ciliées sur les bords; la carolle est grande, à pétales arrondis, roses. Ces deux espèces ont-elles été décrites?

4. Le *Malva* que j'ai recueilli à San-Francisco paraît se rapporter au *M. rotundifolia* de L. par ses feuilles orbiculaires crénelées dentées et ses graines réniformes. Il y a surtout analogie entre l'espèce californienne et celle que j'ai recueillie dans les Pyrénées, entre Luz et Gavarnie, dont le port est plus grêle et les dimensions plus petites que le *M.* qu'on rencontre fréquemment au bord des chemins en France.

Je signale en passant un *Malva* de Honolulu à feuilles à 7 lobes dentés, à fleurs en cyme nombreuses, mais l'échantillon est trop petit pour permettre une description même sommaire.

5 Une espèce nouvelle d'*Hibiscus* existe à Maui. La tige est sinuée, grisâtre, les feuilles pétiolées à lobes inégaux, dentés irrégulièrement, les fleurs, axillaires, sont portées sur des pédoncules se désarticulant facilement. L'involucre du calice est composé de feuilles allongées, de la longueur du calice, lequel est profondément divisé en cinq parties, recouvert de poils nombreux, jaunâtres, s'entre-croisant, formant une espèce de bourre, comme dans l'*H. Youngianus* de Gaud. Les pétales sont grands, arrondis, comme l'*H. rosa sinensis*; l'ovaire est composé de 5 loges s'ouvrant pour laisser passer les graines qui sont nombreuses, trigones, recouvertes de poils roussâtres. Cette espèce ne paraît pas avoir encore été décrite.

L'*Hibiscus* de Loango a un aspect tout différent de celui des Sandwich. La tige est rameuse, cotonneuse, arrondie; les feuilles petites, cotonneuses, ovales, dentées; l'involucre à folioles allongées, nombreuses, enveloppe le calice quinquéfide, velu ; la corolle rose est grande ; l'ovaire réticulé se divise en quatre parties, chacune d'elles contenant une graine grosse, trigone, grisâtre, avec impression ombilicale fortement accentuée. Il y aurait aussi lieu à étudier l'*H.*, désigné sous le nom de *Surattensis*, L., qui croît au Gabon, et celui que j'ai recueilli à l'Ile-du-Prince, lequel paraît voisin du *mutabilis*.

Les *Sida* et les *Hibiscus* sont très-abondants dans la Nouvelle-Grenade, qui offre aux végétaux des stations analogues à celles des Marquises, des Sandwich et de Taïti. Il ne serait point surprenant que quelques espèces de ces genres, qui existent dans cette région de l'Amérique centrale, se retrouvassent en Océanie.

BYTTNÉRIACÉES.

1. *Waltheria americana*, L., var. . . . . HONOLULU.
 — — L.? . . . . GABON.
2. *Melochia* . . . . SÉNÉGAMBIE.

OBSERVATIONS.

1. Lesson et Richard, dans la partie botanique du *Voyage de l'Uranie*, signalent cette espèce aux Sandwich. Les échantillons que j'ai recueillis à Honolulu diffèrent de l'espèce linnéenne. Les capitules floraux sont nombreux, pressés au sommet de la tige ; la plante est de plus petite taille et les feuilles sont légèrement dentées, tandis que dans l'espèce linnéenne elles sont plissées.

L'échantillon que j'ai pris au Gabon doit-il être rapporté à cette espèce de *Waltheria?* C'est un petit arbrisseau à feuilles alternes, pétiolées, dentées en scie, inégalement ovales, lancéolées, très-soyeuses, à capitules floraux petits, axillaires et terminaux.

2. Les feuilles du *Melochia*, ramassé en Sénégambie, noircissent par la dessiccation; elles sont ovales lancéolées, dentées; les fleurs sont petites, agglomérées en capitules à l'aisselle des feuilles, pédonculées. Quelle est cette espèce ?

HIPPOCASTANÉES.

Pavia flava, Ait. . . . . SAN-FRANCISCO.

OBSERVATIONS.

Cette espèce paraît devoir être rapportée au *P. flava*, Ait., si ce n'est l'espèce elle-même. L'échantillon que j'ai sous les yeux a les feuilles opposées, pétiolées, la base du pétiole embrassant la tige; 5 folioles pétiolées elles-mêmes, partant d'un même point d'insertion, dentées en scie, les capsules sont cotonneuses, allongées, terminées par une pointe obtuse. La dessiccation ne permet pas de reconnaître exactement la couleur des fleurs (*Œsculus discolor*, Pursh.).

PAPILIONACÉES.

1. *Tephrosia*. . . . . CÔTE OCC. D'AFRIQUE.
2. *Desmodium incanum*, L., var. . . . . . . MARTINIQUE.
3. *Dolichos* . . . . MARQUISES.

OBSERVATIONS.

1. Parmi les *Tephrosia* que j'ai recueillis sur la côte occidentale d'Afrique, trois ne sont pas déterminés. Ils sont comme leurs congénères à feuilles linéaires, à rameaux flexibles. Une belle espèce de ce genre croît à Factory, où je l'ai recueillie en fleurs au mois de novembre 1847 ;

c'est un arbrisseau qui atteint jusqu'à 5 pieds de haut. Je pense que c'est la même espèce que plus tard j'ai rencontrée aux Antilles.

2. J'ai trouvé aux pitons Absalon une variété du *D. incanum*, DC., plus grande que le type dans toutes les parties, feuilles, fleurs et fruits. Les tiges sont plus robustes, plus ligneuses, les feuilles presque elliptiques dans les rameaux inférieurs; ovales, entières dans la partie supérieure. Doit-on attribuer cette dimension plus grande à un sol plus riche? Je ne saurais préciser maintenant l'état des lieux où j'ai recueilli le type de cette variété; mais l'étiquette porte: rivière Monsieur, au niveau de la mer; les pitons Absalon sont à une altitude de 600 mètres environ.

Plusieurs *Desmodium* de la côte occidentale d'Afrique sont restés dans mon herbier sans détermination, deux espèces viennent de Factory, remarquables, l'une d'elles surtout, par leur belle panicule florale.

3. Deux espèces de *Dolichos* ont été recueillies à Noukahiva. Sont-elles nouvelles?

CÆSALPINIÉES.

Cassia . . . . CÔTE OCC. D'AFRIQUE.

OBSERVATIONS.

Ce genre est représenté, sur la côte occidentale d'Afrique, par plusieurs espèces qui ne sont pas déterminées dans ma collection, et qui présenteront peut-être quelque nouveauté lorsqu'elles auront été étudiées.

MIMOSÉES.

Mimosa pudica, L., var. TAIOHAE.

OBSERVATIONS.

J'ai recueilli en diverses localités le *M. pudica* ; je ne l'ai jamais rencontré tel que la variété qui existe aux Marquises. Elle n'a pas, comme dans l'espèce, la tige garnie d'aiguillons recourbés ; ces appendices sont très-clair-semés : on n'en rencontre qu'un petit nombre à grande distance les uns des autres ; mais elle est recouverte, ainsi que le pétiole des feuilles, de longs poils roussâtres qui la font paraître velue. Les jeunes tiges en sont complètement couvertes. Le port de la plante est aussi plus grand que dans l'espèce.

Une étude plus complète de cette variété ferait peut-être reconnaître des caractères susceptibles d'en faire une espèce nouvelle.

ROSACÉES.

1. *Potentilla*. . . . . ILE AUX CERFS.
2. *Rosa*. HAUTE-CALIFORNIE.

OBSERVATIONS.

1. Une espèce de *Potentilla*, de l'île aux Cerfs, baie de San-Francisco, n'est pas déterminée dans ma collection. Cette plante atteint jusqu'à 1 m. 50 c. de hauteur, est rameuse, à divisions dichotomiques, dressée, tomenteuse, à feuilles radicales et inférieures munies de stipules, longues de 30 centimètres. Les folioles alternes qui forment les feuilles sont dentées sur tout leur contour. Les jeunes tiges, les stipules et le calice des fleurs sont couverts de poils blanchâtres, comme feutrés. Les fleurs sont nombreuses, axillaires et pédonculées. Le calice à cinq divisions, les pétales jaunâtres? Les graines nombreuses, noires, arrondies. Cette espèce est-elle nouvelle ?

2. A San-Francisco et à Monterey, j'ai recueilli trois espèces de *Rosa* qui n'ont pas encore été déterminés. Il est probable qu'elles ont été depuis étudiées par les botanistes de ce pays. Aux environs de Mascara, en Algérie, j'ai rencontré une variété du *R. canina* qui paraît se rapprocher du *R. urbica*, Leman.

Je dois signaler encore un *Horkelia*, ou genre voisin, que j'ai recueilli à Monterey.

MYRTACÉES.

1. *Eugenia*. . . . . SANDWICH.
2. *Eugenia*. . . . . ANTILLES.
3. *Barringtonia Senequei*, Nob. . . . . MARQUISES.

OBSERVATIONS.

1. On peut recueillir à Oahu une espèce d'*Eugenia* qui n'est peut-être pas encore décrite ; malheureusement mon échantillon n'est pas assez complet pour permettre d'en faire une description suffisante. La plante forme un arbuste à écorce lisse, grisâtre, à feuilles vernissées, finement striées, ovales-lancéolées, bordées d'une nervure très-marquée, à pétioles courts. Les fleurs sont petites, axillaires....; c'est une espèce à rechercher dans cette localité.

2. Une espèce d'*Eugenia* de la Martinique a les feuilles opposées, ovales-arrondies, vernissées, à stries fortement accentuées, à bords roulés en dedans. Les fleurs, au sommet des tiges, sont réunies par trois sur un pédoncule partant de l'aisselle des feuilles. M. Bélanger, directeur du jardin des plantes de St-Pierre, n'a pu déterminer cette espèce que je lui ai présentée, ne la connaissant pas encore.

L'échantillon que j'ai de la même localité, à tige rougeâtre, à feuilles semblables au précédent sauf la forme qui est plus ovale qu'arrondie, est-il un *Eugenia?* La dimension totale de la plante est également plus petite. L'absence de fleurs et de fruits rend cet échantillon incomplet.

3. J'ai donné sur ce *Barringtonia* quelques détails dans la partie botanique de mon *Essai sur l'Histoire naturelle des Marquises.* Je ne puis que recommander aux botanistes voyageurs de rechercher cette espèce, mais on aborde rarement dans cet archipel et surtout à l'île de la Madelaine. La question pourra par conséquent rester longtemps indécise.

LYTHRARIÉES.

Cuphea balsamona, Schl. Cham. . . . . MARTINIQUE.

OBSERVATIONS.

J'ai à signaler, dans la famille des *Lythrariées*, une variété du *C. balsamona* recueillie aux pitons Absalon et Didier. Les feuilles sont opposées, celles d'un même côté de la branche souvent avortées et ressemblant à des stipules; les tiges sont rugueuses dans la partie inférieure, et, dans la partie supérieure, elles sont recouvertes de poils glanduleux. Les fleurs axillaires et en ligne ont le calice marqué de lignes parallèles très-prononcées. Cette variété est-elle due à l'altitude des localités où je l'ai ramassée?

MELASTOMACÉES.

1. *Tetrazygia rivoiriæ?* . . . . GUADELOUPE.
2. *Conostegia cornifolia*, Sering.? . . . . GUADELOUPE.

OBSERVATIONS.

1. Le Dr Sagot indique avec doute le nom de l'espèce

de cette belle *Melastomacée*, que j'ai recueillie sur les flancs de la Soufrière. Les feuilles sont épaisses, à nervures luisantes et les bords roulés en dessous, d'un beau jaune inférieurement. Cette espèce aurait besoin d'être étudiée plus particulièrement. Il en est de même de la plante suivante.

2. Ce *Conostegia* diffère du type par ses épis floraux plus denses, à fleurs plus longuement pédonculées et à calice ne noircissant pas par la dessiccation.

ONAGRARIÉES.

1. *OEnothera*, 2 espèces. . . . . CALIFORNIE.
2. *Epilobium*, 3 espèces. . . . . CALIFORNIE.
3. *Lopezia* ?. . . . . CALIFORNIE.

OBSERVATIONS.

1. Un *OEnolhera* de l'île aux Cerfs est malheureusement trop incomplet pour permettre une description même sommaire; il est rameux, à fleurs grandes, jaunes..... Cette espèce doit être connue. En est-il de même de la plante désignée avec doute sous le nom générique d'*OEnothera*, recueillie aussi dans l'île aux Cerfs ? Elle a la tige droite, de 10 centimètres, à feuilles caduques opposées, entières, sessiles, ovales lancéolées, couvertes de poils blancs; les fleurs sont agglomérées en capitules serrés, calice noircissant par la dessiccation, corolle grande, jaune, capsule velue, allongée, contenant des graines rondes, plates, superposées. Cette plante croît sur le littoral de l'île aux Cerfs.

2. Cette petite île m'a offert trois *Epilobium* qui ne sont pas déterminés. Celui qui porte le n° 42 est à feuilles opposées dentées et à capsules très-allongées, recourbées; par

ce caractère, on pourrait le classer dans la section des *Chamænerion* d'Endlicher, mais par ses feuilles opposées, il ferait partie de la section *Lysimachion*. Le n° 43 diffère du précédent par ses capsules encore plus allongées et par ses feuilles entières au lieu d'être dentées.

3. C'est un petit arbrisseau à tiges cotonneuses, à feuilles entières, sessiles, agglomérées le long de la tige, à fleurs axillaires et terminales, à capsule allongée comme celle des *Epilobium*, se divisant en 5 parties et contenant des graines très-petites. Le caractère générique des *Lopezia* est d'avoir la capsule 4-loculaire, ce qui fait douter de l'exactitude de la détermination de ce genre. Les feuilles entières, au lieu d'être dentées en scie, ne seraient pas une preuve. Outre les *Jussiæa repens*, L. Var., *calycibus glabris* et *J. costata*, Presl., que j'ai recueillis à Taïti, et qu'on ne trouve pas indiqués dans l'énumération des plantes du Dr Nadeaud, j'ai en herbier une troisième espèce de ce genre qui n'est pas encore déterminée.

SAXIFRAGÉES.

Weinmannia, nov. spec.? . . . . Noukahiva.

OBSERVATIONS.

Ce genre est de l'Amérique tropicale, de Bourbon et de la Nouvelle-Zélande; l'espèce que j'ai recueillie aux Marquises a les feuilles simples et non ternées ou à 5 divisions, les fleurs en rameaux paniculés, à l'extrémité des tiges, sans bractées. Serait-ce le *W. racemosa*, Forst.? Les épis de cette espèce sont géminés, ceux de l'espèce noukahivienne sont simples, doubles ou triples, et ne sont pas plus longs que les feuilles. Dans le *Voyage de l'Astrolabe*, il est fait mention du *W. racemosa*, recueilli à la Nouvelle-Zélande.

OMBELLIFÈRES.

1. *Hydrocotyle*. . . . . SACRIFICIOS.
. . . . LOANGO.
. . . . SANDWICH.
2. *Buplevrum protactum*, Link., var. . . . . MASCARA.

OBSERVATIONS.

1. Ces *Hydrocotyle* sont de plus grande taille que celui de France. Ils sont à tige rampante ; chaque nœud donne naissance à des racines fibrilliformes d'un côté, de l'autre à une ou deux feuilles peltées, échancrées en cœur, dans l'espèce africaine ; dans cette même espèce, un long pédoncule supporte une ombelle de fleurs pédicellées. Le fruit est sphérique, hispide, à côtes saillantes. Trois *Hydrocotyle* sont signalés, dans le *Voyage de l'Astrolabe*, en Nouvelle-Zélande ; ils ne me paraissent pas se rapporter aux espèces indiquées ci-dessus.

2. La variété du *B. protactum*, Link., se trouve à Mascara (Algérie) en même temps que l'espèce, dont elle diffère par ses feuilles caulinaires lancéolées, 4-5 fois plus longues que larges, par ses ombelles de 3-4 rayons et par son involucelle plus longuement acuminé.

Il y aurait à déterminer dans cette famille un *Eryngium* de Boca-del-Rio (Vera-Cruz) à tige dichotome, à fleurs croissant à l'extrémité des rameaux et dans les dicothomies et un *Sanicula* de Oahu (Sandwich).

HIPPOCRATÉACÉES.

Salacia, 2 espèces. . . . . RIO-NUNEZ.

OBSERVATIONS.

Une espèce de *Salacia*, abondante dans le Rio-Nûnez, a l'écorce rendue rugueuse par un grand nombre de petites verrues blanches, qui couvrent les rameaux de l'année précédente, les jeunes pousses de l'année en étant dépourvues. Ces verrues jaunissent à mesure que le bois vieillit et finissent par se confondre avec l'épiderme, qu'ils rendent pour ainsi dire subéreux. Les feuilles opposées sont pétiolées, ovales-allongées, acuminées dans les jeunes rameaux, plus arrondies dans les autres. Elles sont entières ou très-faiblement dentées, coriaces, d'un gris noirâtre en dessus, rougeâtre en dessous. Les fleurs naissent dans l'aisselle des feuilles, portées sur de longs pédoncules, noircissant par la dessiccation. Elles sont petites, nombreuses et ne dépassent pas le pétiole de la feuille. Guillemin et Perrotet, dans leur *Flore de Sénégambie*, indiquent un *Salacia*. Est-ce le même ?

Une autre espèce de *Salacia* se trouve dans la même localité ; elle se distingue de la précédente par ses feuilles plus arrondies, plus rougeâtres en dessous et surtout par ses fleurs axillaires beaucoup plus rares à chaque aisselle, 2 ou 3, tandis qu'elles sont de 15 à 20 dans l'espèce précédente. On pourrait peut-être rapporter cette dernière au *S. chinensis*, L.

VACCINIÉES.

Vaccinium . . . . NOUKAHIVA.

OBSERVATIONS.

Cette petite espèce est rameuse, à tige sillonnée, à feuilles ovales, entières rougeâtres. Les fleurs naissent par grappes de 2-4, quelquefois solitaires dans l'aisselle des feuilles, qu'elles dépassent. Le calice est à 5 divisions, la corolle 4 fois plus longue que le calice, à limbe à 5 dents arrondies; 10 étamines saillantes, persistant, ainsi que le style, après la chute de la corolle. C'est une espèce plus petite que le *V. cereum*, Forst., que j'ai trouvé à Noukahiva, à 500 mètres d'altitude, dans la tribu des Naïkis. M. Nadeaud ne l'a pas rencontrée à Taïti, du moins il n'en parle pas. Le *Zephyritis taïtensis* en fait mention.

Dans la famille des *Pittosporées*, voisine des *Vacciniées*, un *Pittosporum* de l'archipel des Sandwich est à déterminer.

ÉBÉNACÉES.

Maba. . . . . SANDWICH.

OBSERVATIONS.

Endlicher indique ce genre en Asie et dans la Nouvelle-Hollande. Il serait possible que l'espèce des Sandwich fût nouvelle, mais je crains que l'échantillon que j'ai recueilli ne soit pas suffisant pour l'étudier complètement.

PRIMULACÉES.

Anagallis . . . . MONTEREY.

OBSERVATIONS.

Cet *Anagallis* se rapproche beaucoup de l'*A. Phœnicea*, Link. Il y a cependant cette différence que les feuilles sont le plus souvent opposées 3 par 3; les divisions du calice m'ont paru plus larges que dans l'espèce française, les entre-nœuds sont aussi moins longs. Dans son ensemble, la plante de Californie n'a pas le même aspect que celle de France. Jusqu'à plus ample étude, ce serait une variété *confertior*.

MYOPORINÉES.

Myoporine . . . . SANDWICH.

OBSERVATIONS.

L'échantillon de la plante que j'ai recueillie aux Sandwich offre les caractères d'une *Myoporinée* ; cependant dans cette famille la drupe est quadriloculaire, et la section que j'ai faite sur plusieurs m'a toujours présenté huit compartiments.

VERBENACÉES.

1. *Verbena*. . . . . SAN-FRANCISCO.
2. *Lippia nodiflora*, var. . . . . MARTINIQUE.
   — 3 espèces . . . . RIO-NUNEZ.
3. *Clerodendrum*, 2 espèces. . . . . GABON.
4. *Vitex*. . . . . RIO-NUNEZ.
   . . . . MARTINIQUE.

OBSERVATIONS.

1. Les feuilles de cette espèce de *Verbena* sont rudes au toucher, couvertes de poils blanchâtres, à segments crénelés, les inférieurs plus grands. Celles du bas de la tige sont pétiolées ; dans le haut, elles sont à limbe décurrent : fleurs en épi serré, sessiles, calice couvert de poils visqueux. Les feuilles et la tige sont également garnies de poils.

2. La var. du *Lippia nodiflora* que j'ai de la Martinique,

a les feuilles opposées, arrondies, dentées, pétiolées ; les capitules floraux portés sur des pédoncules 3-4 fois plus longs que les feuilles. Une espèce du Rio-Nunez (n° 230) est à tige simple, droite, couverte de poils blancs appliqués ; à feuilles sessiles, disposées le long de la tige par verticilles de 2-3-4, oblongues lancéolées, dentées, couvertes d'un duvet soyeux. Les fleurs en tête globuleuse, sont axillaires et terminales, pédonculées, munies à la base de petites feuilles réunies par groupe de 3-4.

J'ai en herbier, de la même localité, un autre échantillon (n° 233) qui paraît différer du premier, peut-être parce que le rameau est plus jeune. Les capitules floraux sont d'un beau jaune.

Une troisième espèce du même lieu (n° 237) a un tout autre aspect que les précédentes. La tige est droite, à quatre angles arrondis très-accentués ; les feuilles nombreuses, linéaires, lancéolées, entières, marquées de profonds sillons, croissent par verticilles de 8-10. Les fleurs sont agglomérées au sommet de la tige, en capitules allongés, couvertes d'un duvet qui fait paraître le capitule comme feutré.

Ces trois espèces sont-elles déjà décrites ?

3. Deux espèces de *Clerodendrum* ont été recueillies au Gabon. La première est un arbrisseau à tige lisse, feuilles ovales, pétiolées, terminées en pointe ; panicules lâches de fleurs rouges, à divisions calicinales très-aiguës ; la seconde est à feuilles presque sessiles, moins scabres, comme vernissées dans le haut des rameaux. Les fleurs plus longuement pétiolées sont en corymbe serré à étamines saillantes.

4. Un *Vitex*, assez commun dans le Rio-Nûnez, a les fleurs disposées en ombelle le long de la tige, portées sur de longs pédoncules opposés, deux fois dichotomés et portant une ombelle irrégulière. Le calice est petit, à dents arrondies ; couvert d'un feutre rougeâtre ainsi que les pédoncules de la

tige. La corolle dépasse de moitié le calice. Les feuilles sont à trois folioles spathulées arrondies, sessiles, entières, lisses, les jeunes feuilles fortement striées, tomenteuses.

Une autre *Verbénacée*, que j'ai recueillie au Morne-d'Orange (Martinique), peut-elle se rapporter au genre *Vitex?* La tige est ronde, tomenteuse; les feuilles opposées, très-légèrement dentées, ovales allongées, terminées en pointe, sont presque sessiles; les fleurs sont disposées le long de la tige vers le sommet par groupes de 2-3, garnies de petites bractées. Le calice est tomenteux, la fleur exigüe. La plante entière forme un arbrisseau de 3 à 4 mètres de haut.

LABIÉES.

1. *Ocymum*, 3 espèces	Côtes occ. d'Afrique.
2. *Plectranthus*	Iles Sandwich.
. . . .	Martinique.
3. *Micromeria*.	Loango.
4. *Salvia*.	San-Francisco.
. . . .	Iles Sandwich.
5. *Hyptis*.	Ile aux Cerfs.
. . . .	Gabon.
6. *Phyllostegia*	Iles Sandwich.
. . . .	Martinique.
7. *Elsholszia*	Ile-du-Prince.
8. *Phlomis*	Bissagos.

OBSERVATIONS.

1. Trois espèces d'*Ocymum*, de la côte occidentale d'Afrique, ne sont pas déterminées dans l'herbier. Deux viennent de l'Ile-du-Prince. La première a la tige simple, laineuse, les feuilles opposées, pétiolées, cunéiformes, à dents arrondies, les fleurs en épi allongé, recourbé, par

verticelles, l'ovaire renfermant quelques graines roussâtres, rondes ; la seconde espèce est à tige triangulaire, très-sillonnée, à feuilles grandes, pétiolées, opposées, ovales, lancéolées, dentées en scie dans la partie supérieure seulement ; fleurs en épi terminal, opposées deux à deux, calice bifide, embrassant la corolle de moitié plus longue ; pédoncule des fleurs persistant après leur chute. Les tiges florales sont couvertes d'un feutre qui doit être visqueux à l'état frais.

La troisième espèce, de Casacabouely (Rio-Nûnez), a la tige rameuse, à feuilles verticellées, pétiolées, entières, lancéolées, tomenteuses ; fleurs petites, ovaire entouré de poils blancs, soyeux, contenant quatre graines noires, irrégulières; cette dernière serait-elle l'*O. canum*, Sims.

Ces espèces ne peuvent se rapporter à celles que j'ai recueillies aux Antilles. On déterminerait peut-être difficilement un *Ocymum* de Noukahiva, l'échantillon n'étant pas complet.

2. Un *P. d'Oahu* (Sandwich) est voisin du *P. parviflorus*, Will. ; il paraît cependant de plus petite taille et l'épi floral est moins serré, ce qui serait peut-être le résultat d'une station différente.

On trouve dans les pitons du Carbet un *P.* voisin des *P. nigrescens*, Benth. et *cretica*, Don. ; il a la tige robuste, quadrangulaire, à rameaux opposés ; les tiges florales sont longues, garnies de nombreux verticilles de fleurs réunies jusqu'à 20, irrégulièrement verticillées, à étamines saillantes ; les feuilles sont opposées, dentées en scies, tomenteuses.

3. Ce *Micromeria*, que j'ai recueilli à Loango est un sous arbrisseau à feuilles petites, ovales, rameux dès la base. Les fleurs sont petites, sessiles et verticillées ; il appartient à la section *piperella* du *genera* d'Endlicher.

4. A Oahu, j'ai rencontré une belle espèce de *Salvia*, à

tige tétragone, à feuilles sagittées et comme mucronées, faiblement dentées, rugueuses en dessus, couvertes en dessous d'un duvet blanchâtre. Les fleurs sont verticillées quatre par quatre, munies de stipules embrassant la tige. J'ai aussi recueilli à San-Francisco un *Salvia* qui n'est pas déterminé dans la collection.

5. Le genre *Hyptis* est, d'après Endlicher, très-rare en dehors des Tropiques. L'espèce que j'ai recueillie dans l'île aux Cerfs (Haute-Californie) est un arbrisseau à tige rougeâtre, à feuilles opposées, à pétiole court, ovales lancéolées, entières, réticulées et couvertes en dessous de poils glanduleux. De l'aisselle de chaque feuille, part une fleur portée sur un pédoncule plus long que le pétiole des feuilles ; deux larges bractées réticulées enveloppent le calice très-hispide : fleurs..... Un *Hyptis*, du Gabon, non déterminé, pourrait être rangé dans la section *Buddleioïdes* ou *umbellaria*, par ses bractées petites et ses fleurs pédonculées formant capitule, à l'aisselle des feuilles. La tige est tétragone ; les feuilles sessiles ovales-lancéolées, le bord marqué de quelques dents en scie. Il est fait mention dans le *Voyage de l'Astrolabe* de l'*Hyptis capitata*, Jacq., aux îles Mariannes.

6. Plusieurs espèces de *Phyllostegia* des Sandwich ont été déterminés par Bentham. Nos deux échantillons de Mani et de Oahu pourraient peut-être s'y rapporter.

7. Endlicher, dans son *Genera*, cite le genre *Elsholtzia* comme appartenant aux Indes orientales, à l'île de Java et se trouvant très-rarement dans l'Asie centrale. L'espèce que j'ai recueillie dans l'Ile-du-Prince, golfe du Benin, rentre dans la section *C.* du genre, par ses bractées largement ovales, non ciliées. Elle a le port grêle, la tige flexueuse, les feuilles ovales, opposées, entières, portées sur de longs pédoncules, les fleurs réunies en un épi serré et court. Les

bractées sont marquées de veines translucides. Les naturels de l'île appellent cette petite plante *Nbaso*. Je ne saurais dire si ce nom lui est spécial. C'est peut-être une espèce nouvelle.

Dans l'archipel des Bissagos, j'ai recueilli une petite *Labiée* à tige simple, presque filiforme, garnie de petites feuilles lancéolées, opposées au nombre de 2-4, à fleurs verticillées avec une longue bractée. Les sépales du calice sont garnies de longues soies blanches qui font paraître le verticille hispide. La graine est oblongue, divisée en deux sillons profonds, d'un jaune foncé. Est-ce un *Phlomis?*

Signalons encore dans la famille des *Labiées* un *Salvia* de Oahu, qui ressemble, pour l'inflorescence, à un *Scrophularia*, un autre *Salvia* et un *Thymus* de San-Francisco, enfin un *Gardaquia* de Valparaiso.

ACANTHACÉES.

1. *Ruellia*,	7 espèces.	CÔTE OCC. D'AFRIQUE.
—	1 espèce	MARTINIQUE.
2. *Acanthus*.		CÔTE OCC. D'AFRIQUE.

OBSERVATIONS.

1. J'ai recueilli, sur la côte occidentale d'Afrique, plusieurs *Ruellia*, une espèce au Gabon, deux pour lesquelles la localité précise n'est pas indiquée et quatre à l'Ile-du-Prince. Ces espèces sont bien différentes les unes des autres, tiges simples ou rameuses, feuilles entières ou dentées, ovales-lancéolées arrondies, elliptiques, mucronées ; les détails anatomiques doivent aussi offrir des différences. Il est bien probable que, parmi ces espèces, il y en a qu'un examen détaillé ferait reconnaître comme nouvelles.

2. De la côte d'Afrique, j'ai rapporté un *Acanthus* à feuilles roncinées, opposées, à divisions triangulaires, épineuses, à épi de moitié plus court que les feuilles, garni de fleurs sessiles, les inférieures à bractées munies de longues épines. Les lames des lèvres inférieures de la corolle sont garnies de longues soies blanches, épaisses. L'*A. ilicifolium* de Linné a la tige armée de piquants : l'espèce africaine en est dépourvue.

Une autre petite plante de Loango de quelques centimètres de haut, à feuilles entières allongées, serrées le long de la tige, paraît se rapporter à la famille des Acanthacées. Il y aurait encore à déterminer dans cette famille un *Justicia* du Gabon, une autre espèce de ce genre, de Factory, un *Barleria*, de la même localité et des Bissagos (Ile-de-Miel).

BIGNONIACÉES.

Sesamum Indicum, L., var. ?. . . . . ILES-DE-LOSS.

OBSERVATIONS.

Cette espèce a le port plus petit que l'espèce type et les capsules très-tomenteuses. Les feuilles sont toutes entières lancéolées. Comme cette plante est cultivée, quoique indigène, il est possible que la culture l'ait modifiée. Il faudrait que les échantillons fussent comparés avec des échantillons d'une autre localité.

SCROPHULARIÉES.

1. *Scrophularia*. . . . . SAN-FRANCISCO.
2. *Torenia* . . . . GABON.
   — . . . . ILES-DE-LOSS.
3. *Veronica*. . . . . SAN-FRANCISCO.
4. *Striga*, 2 espèces. . . . . CÔTES OCC. D'AFRIQUE.

OBSERVATIONS.

1. Ce *Scrophularia* se rapproche du *S. peregrina*, L. Il en diffère par ses feuilles oblongues ou triangulaires, dentées; par ses fleurs en cyme lâche, dichotomes, à stipules lancéolées entières, au lieu d'être dentées. L'aspect général de la plante est tout différent, lorsqu'on vient à les comparer.

2. Les *Torenia*, plantes de l'Asie, de l'Australie et de l'Amérique tropicale, ont généralement les feuilles dentées. L'espèce que j'ai recueillie au Gabon a les feuilles ovales, lancéolées, très-faiblement dentées, opposées, les fleurs axillaires, à pédoncules velus égalant ou dépassant les feuilles. Elles sont plus petites que dans le *T. asiatica* et dépassent à peine le calice. Serait-ce une espèce nouvelle, ainsi que la suivante, de Crawford, îles de Loss.

Celle-ci est une petite plante de 10 à 15 centimètres de haut, rameuse dès la base, à feuilles arrondies, légèrement dentées, à fleurs naissant dans l'aisselle des feuilles calice 5-fide, scarieux sur les bords. La capsule allongée contient des graines nombreuses, jaunâtres, arrondies. Est-ce un *Torenia?*

3. Le *Veronica* que j'ai ramassé à San-Francisco a les feuilles plus longues que le *V. latifolia*, L., les tiges florales plus courtes; les fleurs sont pédonculées, divariquées et non appliquées le long de la tige, plus rares, munies de stipules filiformes plus courts que le pédicelle de la fleur.

J'ai recueilli un *striga* dans le Rio-Nûnez, un autre sur la côte de Loango, Guinée méridionale. Le port de ces deux plantes est bien différent. On prendrait le premier pour un *Hyssopus* ou un *Satureia* à feuilles très-allongées; le second, au contraire, pour une petite orobanche très-rameuse. Il serait à désirer que ces deux plantes fussent étudiées, peut-être sont-elles nouvelles; je ne puis que les signaler.

J'indiquerai encore dans la famille des Scrophulariées un *Mimulus*, L. ou *Castilleja* de Monterey, et un *Buchnera* des Bissagos.

SOLANÉES.

1. *Physalis angulata* L. ?	. . . .	MARTINIQUE.
— —	. . . .	NOUKAHIVA.
2. *Solanum*, 3 espèces ou variétés	. . . .	MARQUISES.
— —	. . . .	SAN-FRANCISCO.
— —	. . . .	ILES SANDWICH.
— —	. . . .	VERA-CRUZ.
— —	. . . .	MARTINIQUE.

OBSERVATIONS.

1. A la Martinique, j'ai recueilli un *Ph. angulata*, L., qui paraît un peu différent de l'espèce Linnéenne. Serait-ce la variété que mentionne Dillenius, tab. 11, fig. 2. Je n'ai pu consulter cet auteur. De Noukahiva, j'ai rapporté un *Physalis* à feuilles entières, mais l'échantillon est trop incomplet pour permettre une description suffisante ; il ne pourrait être déterminé que par comparaison.

2. Outre les *S. repandum*, Forst., *viride*, Soland. et *nigrum*, L. (importé ?), que j'ai indiqués dans ma Flore des Marquises, et qu'on retrouve à Taïti, on peut recueillir à Noukahiva trois autres espèces ou peut-être variétés du *S. nigrum*, auquel elles se rapportent.

Le *Solanum*, recueilli à San-Francisco est de grande taille, à feuilles dentées irrégulièrement, à fleurs petites, solitaires, portées sur de longs pédoncules axillaires. Cette espèce a dû être déjà déterminée par les botanistes californiens. Aux Sandwich, j'ai à signaler un *Solanum* à tige ligneuse, à feuilles pétiolées, ovales, cunéiformes, à deux découpures vers la base; fleurs en grappe, baies noires, graines nombreuses, plates, arrondies. A Boca-del-Rio, non loin de Vera-Cruz, j'ai rencontré un *Solanum* à tige munie de quelques aiguillons, très-cotonneuse, à feuilles géminées, jaunâtres, à baie globuleuse. Aux pitons Absalon, île Martinique, j'ai recueilli un *Solanum* auquel M. Sagot a appliqué avec doute le nom spécifique de *triste.* C'est une grande espèce à feuilles ovales, lancéolées, à fleurs petites, en grappes axillaires et terminales.

Enfin, à Halifax, Nouvelle-Écosse, signalons le *Sol. nigrum,* L., var., qui est peut-être le *S. humile,* Bernh. Asa Gray, dans sa *Flore des États-Unis,* ne fait pas mention de cette variété provenant peut-être de la culture. Du reste, les *S. nigrum* et *dulcamara* ne paraissent pas indigènes de l'Amérique du Nord.

Ces diverses espèces de *Solanum* auraient besoin d'être étudiées avec soin et comparées avec les types existant dans les grands herbiers. Il reste à déterminer, dans mes récoltes, un *Petunia* de San-Francisco.

CESTRINÉES.

Cestrum. . . . . ILE-DU-PRINCE.

OBSERVATIONS.

Ce genre renferme plusieurs espèces cultivées; il est, d'après Endlicher, originaire de l'Amérique tropicale. L'espèce que j'ai recueillie dans l'Ile-du-Prince, golfe de Guinée, est un arbuste à écorce blanchâtre; feuilles alternes, pétiolées, entières, ovales, allongées; fleurs nombreuses, blanches, en fascicules axillaires pédonculés, calice 5-fide, corolle infundibuliforme à limbe divisé en 5 dents bien marquées. Cette nouvelle station des *Cestrum* présenterait-elle une nouvelle espèce ?

BORRAGINÉES.

1. *Tournefortia volubilis*, L. ?	MARTINIQUE.
— —	MARTINIQUE.
— *argentea*, L. ?	NOUKAHIVA.
2. *Cordia*.	LOANGO.
— ? *Tournefortia* ?	MARQUISES.

OBSERVATIONS.

1. Cette espèce de *Tournefortia* de la Martinique est désignée avec doute, parce qu'elle n'offre qu'imparfaitement les caractères qui la distinguent : pétioles renversés et tige roulée en spirale. Doit-on attribuer cette absence de caractère spécifique à une station particulière de l'échantillon recueilli, c'est ce qu'il faudrait vérifier dans le pays même.

Sur les hauteurs de Bellevue, à Fort-de-France, et dans le petit archipel des Saintes, j'ai recueilli un *Tournefortia* qui n'est pas déterminé dans l'herbier. Cette espèce a la tige et les feuilles recouvertes de poils roussâtres entrecroisés ; les feuilles sont opposées, pédonculées, entières, légèrement acuminées, la nervure du milieu saillante ; les fleurs terminales et axillaires en grappes lâches et diffuses au moment de la floraison ; chaque fleur sessile, sur une longue tige flexible, couverte de poils blanchâtres et irréguliers.

J'ai inscrit avec doute le *T. argentea* de Linné, à Noukahiva, parce qu'il offre quelques différences avec le type. M. Nadeaud, dans son énumération des plantes de Taïti, l'indique comme devenu très-rare dans cette île ; il est au contraire assez abondant aux Marquises.

2. L'écorce de ce *Cordia*, de la Guinée méridionale, est de couleur brune, marquée de points blancs; les feuilles opposées, pétiolées, entières, ovales, terminées en pointes, un des lobes quelquefois plus petit que l'autre; les fleurs en cyme sont portées sur des pédoncules qui s'enroulent un peu après la floraison, comme les héliotropes : a-t-il été déjà recueilli ?

Deux espèces de Borraginées de Noukahiva appartenant aux genres *Cordia* ou *Tournefortia*, appellent l'attention. La première a la tige ligneuse, grisâtre, rugueuse; les feuilles entières, stipulées, ovales, veloutées en dessous; les fleurs petites, nombreuses, en corymbes terminaux, à pédoncules velus ainsi que le calice; le corymbe est formé par des divisions 2-3; drupe noirâtre.

La seconde espèce, de plus grande taille que la précédente, a les feuilles lisses en dessus, cotonneuses en dessous, plus longuement pétiolées, à ombelles 5 fois dichotomes, resserrées pendant l'anthèse, divariquées ensuite. Calice presque entier, drupe noire, rugueuse, petits stipules effilés dans les dichotomies. Ces deux espèces sont assurément différentes l'une de l'autre. On ne trouve cité dans l'*En. des plantes* de Taïti, de M. Nadeaud, que le *C. subcordata*, que j'ai aussi recueilli aux Marquises et qui ne ressemble pas aux deux espèces précédentes.

CONVOLVULACÉES.

1. *Ipomœa*. . . . . SAINT-DOMINGUE.
2. *Evolvulus*. . . . . HAUTE-CALIFORNIE.
3. *Convolvulus*. . . . . CÔTE OCC. D'AFRIQUE.
4. *Quamoclit vulgaris*, Ch. . . . . IDEM. et NOUKAHIVA.

OBSERVATIONS.

1. Cet *Ipomœa* est très-voisin de l'*I. triacantha*, Lind.,

si ce n'est lui-même. Je le signale cependant comme présentant un doute. Dans ce genre, je mentionnerai, non déterminées, une espèce du Gabon et une autre espèce de Noukahiva.

2. L'*Evolvulus* de l'île aux Cerfs s'élève de quelques centimètres seulement au-dessus du sol; rameuse dès la base, cette petite espèce a les feuilles alternes, entières, très-laineuses ainsi que la tige. Les fleurs sont disposées en épi serré le long de la tige, mêlées de folioles. Le calice pédonculé, velu, garni à la base de deux petites bractées, est composé de 5 sépales qui enveloppent la corolle, en se resserrant à la partie supérieure. La corolle dépasse à peine le calice.

3. La côte occidentale d'Afrique abonde en espèces variées de *Convolvulus.* J'en citerai 11 qui ne sont pas déterminées et qui présenteraient sans doute quelque nouveauté à un botaniste s'occupant de la monographie des *Convolvulacées.*

1° Un *C.* du Gabon (n° 79) à tige volubile; feuilles pétiolées, fortement échancrées en cœur, à 5 nervures; fleur en entonnoir, munie d'une bractée formant collerette en forme d'ellipse;

2° *C.* de la côte d'Afrique (n° 80): espèce plus petite mais munie d'une bractée semblable;

3° *C.* du Gabon (n° 81) à feuilles pédonculées, 5-partites, chaque division ovale-lancéolée; à fleurs réunies 2 par 2 sur un pédoncule axillaire, chaque fleur pédicellée, calice à 5 sépales scarieux sur les bords, corolle grande. Le nom indigène est *gombégombé,* qui signifie *parapluie,* sans doute à cause de sa forme;

4° *C.* de Loango (n° 82): feuilles entières, rondes, légèrement concaves au sommet, deux fleurs sur un même pédoncule allongé. Calice à divisions rondes, profondes, corolle grande, ovaire surmonté du style;

5° *C.* de Loango (n° 83) ? tige garnie de longs poils soyeux, dressés, abondants sur les pétioles et les pédoncules et surtout sur le calice des fleurs qu'ils enveloppent complètement. Feuilles à 5 divisions, chaque division ovale acuminée. Calice à 5 sépales imbriqués l'un sur l'autre, les trois extérieurs couverts de poils dressés, étalés ;

6° *C.* du Gabon (n° 84) à tige rameuse, feuilles linéaires sessiles, en fer de lance à la base ; fleurs solitaires ; calice à 5 sépales, tube de la corolle allongé. Cette espèce paraît faiblement grimpante ;

7° *C.* du Gabon (n° 85), à feuilles ovales-allongées, pétiolées ; fleurs solitaires, à long pédoncule, calice 5 sépales, corolle grande, rose, à limbe très-étalé ;

8° *C.* du Rio-Nûnez (n° 125), à tige ne paraissant pas volubile ; feuilles opposées, pétiolées, hastées, très-longues, entières ; fleurs à long pédoncule, calice 5-fide, corolle ne dépassant guère le calice. Cette espèce, sauf la corolle, a beaucoup de ressemblance avec le n° 84 du Gabon ;

9° *C.* du Rio-Nûnez (n° 4) : tige lisse, feuilles à long pétiole sillonné, palmées, 5 divisions profondes, chaque division ovale-allongée, acuminée ; fleurs doubles sur un pédoncule de 15 centimètres et plus, calice à 5 sépales imbriqués, corolle grande, à tube court.

10° *C.* du Rio-Nûnez (n° 184) : tiges volubiles, feuilles triangulaires hastées ; fleurs 2-3 sur le même pédoncule, pédicellées, calice allongé, acuminé, corolle s'étalant sur les pointes du calice, style surmontant l'ovaire, qui est petit ;

11° *C.* des îles de Loss (n° 62), tige arrondie, faible, volubile de gauche à droite ; feuilles petites, presque sessiles, ovales-allongées, entières. Les pédoncules des fleurs, aussi longs que les feuilles, à chaque aisselle. Calice de 5 sépales dont 3, ovales-acuminés, sont soudés à l'ovaire jusqu'à la moitié de la nervure médiane ; les deux autres sépales plus petits, scarieux, libres en dedans des autres. Fleurs assez grandes, à tube court, limbe étalé.

Je ne présente pas toutes ces espèces comme nouvelles. J'ai cependant cru devoir les signaler à l'attention des botanistes.

4. Le *Quamoclit vulgaris*, Choisy, que j'ai trouvé aux Marquises et dans le Rio-Nunez, n'existe sans doute pas à Taïti, où j'ai recueilli le *Q. phœnicea*, qui paraît exotique. M. Nadeaud n'indique pas ces espèces, peut-être parce qu'il ne les regarde pas comme indigènes.

GENTIANÉES.

Erythræa. . . . . Sandwich.

OBSERVATIONS.

On voit à Maui, une des îles Sandwich, un *Erythræa* à tige droite, simple, rameuse dans le haut, de 15 centimètres ; à feuilles presque rondes, sessiles, opposées, translucides, glabres ; corolle en tube allongé, renflé au milieu ; ovaire uniloculaire ; graines nombreuses, presque impalpables. Est-ce une espèce nouvelle ? Dans cette famille, il reste à déterminer un *Coutoubea* de la Martinique.

ASCLÉPIADÉES.

Stephanotis, 2 espèces. . . . . Rio-Nunez.

OBSERVATIONS.

Une de ces espèces serait nouvelle, d'après M. Whitefield, botaniste anglais, qui se trouvait en même temps que moi dans le Rio-Nunez. Le genre *Stephanotis*, signalé à Madagascar, est composé d'espèces volubiles. Celle du Rio-Nûnez est un arbrisseau à tige droite ; l'écorce est brune, ponctuée de blanc. Les feuilles, à très-long pétiole, sont alternes, grandes, entières, ovales-lancéolées, à nervures très-prononcées. Les fleurs naissent à l'aisselle des feuilles, en cyme trois fois dichotome ; l'ensemble ne dépasse pas le tiers du pétiole.

Un autre *Stephanotis*, également du Rio-Nunez, a les fleurs portées sur des pédoncules et munies, à la base, de deux feuilles entières formant bractées. Ce sont deux espèces distinctes. Sont-elles nouvelles ?

APOCYNÉES.

1. *Carissa grandis*, Bert. ?. . . . . Noukahiva.
2. *Alyxia*. . . . . Iles Sandwich.
3. *Strophantus* . . . . Iles-de-Loss.

OBSERVATIONS.

1. J'ai indiqué avec doute le *Carissa grandis* de Bert., à Taiohaë. En effet, d'après Endlicher, les *Carissa* sont des arbrisseaux, *frutices*, et l'espèce existant à Noukahiva est un arbre de 30 à 40 pieds d'élévation. M. Nadeaud, qui l'a vu à Taïti, le regarde comme un des plus beaux de l'île. C'est évidemment le même arbre que celui de Taiohaë, mais est-ce un *Carissa?* et ne devrait-on pas réserver le nom pour les espèces frutescentes, en affectant aux espèces arborescentes le nom de *Fragrea*, donné par Asa Gray ?

2. *Alyxia*, arbrisseau des Sandwich, à feuilles persistantes, verticillées 2-3, dures, à bords infléchis en dedans, rugueuses en dessus, entières, fleurs solitaires ou géminées,

axillaires ; ovaire biloculaire contenant une graine à écorce d'un brun rougeâtre. L'*A. Scandens*, Rœm. et l'*A. stellata*, Rœm. et Sch., sont indiqués aux îles de la Société, et l'*A. olivæformis* (Gaud. in Freyc.), aux Sandwich.

3. On rencontre à Factory une belle espèce de *Strophantus*, à feuilles opposées, ovales, entières, acuminées, à fleurs disposées le long de la tige, la corolle quinquéfide est grande, et chaque division est terminée par un filament ondulé de 4 à 5 centimètres de longueur. Ce serait un bel arbuste à cultiver en serre chaude.

RUBIACÉES.

1. *Mollugo*, 2 espèces.	Gabon.
2. *Borreria*, 4 espèces.	Antilles.
—	Vera-Cruz.
— 4 espèces	Côte occ. d'Afrique.
3. *Diodia*	Loango.
4. *Spermacoce*, 4 espèces.	Antilles.
—	Rio-Nunez.
5. *Psychotria*	Martinique.
— 4 espèces.	Côte occ. d'Afrique.
6. *Oldenlandia*.	Martinique.
— 5 espèces.	Côte occ. d'Afrique.
7. *Kohantia*.	Bissagos.
8. *Mussænda frondosa*, L., *forma glabrior*. .	Noukahiva.
— — . .	Ile-du-Prince.

OBSERVATIONS.

1. Ces deux petites espèces, qui croissent sur le littoral du Gabon, ne sont pas déterminées.

2. J'ai recueilli aux Antilles quatre espèces de *Borreria*, la première, de Fort-de-France (n° 146), a la tige comme fistuleuse, les feuilles verticillées, entières, ovales-allongées,

faiblement pédonculées, à fleurs sessiles, en groupes axillaires et terminaux.

Celle des Trois-Ilets, dans la baie de Fort-de-France, a la tige faible, les rameaux opposés, les feuilles opposées, sessiles, petites, ovales, acuminées et les fleurs en grappes, sessiles à l'extrémité des rameaux ; une troisième espèce, des pitons Didier pourait bien être le *B. podocephala* de DC., et une quatrième, le *B. verticillata ;* elle se trouve à la Pointe-à-Pitre. Le *Borreria* de Vera-Cruz se distingue par ses rameaux à têtes florales munies de longues bractées.

Sur la côte occidentale d'Afrique, j'ai recueilli quatre espèces de ce genre. La première, à Rappace, dans le Rio-Nûnez, est assez semblable à celle de Vera-Cruz ; les feuilles entières sont lancéolées, et les capitules terminaux très-tomenteux ;

Celle de Factory, îles de Loss, est à tiges faibles, rampantes, à angles saillants, avec quelques poils blancs, clair-semés ; les feuilles ovales, entières, naissent à la bifurcation des rameaux ; les fleurs, très-petites, à l'aisselle des feuilles. Cette espèce serait voisine du *B. ramisparsa*, DC.

Un troisième *Borreria*, de Loango, a des caractères différents des deux autres ; enfin, un quatrième *B.* est désigné sous le nom spécifique de *Kohantiana* de Mey, mais avec doute.

3. Le *Diodia* de Loango, a la tige rougeâtre, tétragone, sillonnée, luisante ; les feuilles disposées par groupes opposés le long de la tige, entières, lancéolées, rugueuses ; les fleurs axillaires, la capsule biloculaire, allongée, renfermant deux graines noires. Cette espèce croît sur le bord de la mer.

4. J'ai recueilli quatre différents *Spermacoce* dans l'île de la Martinique ; le n° 143 de la collection a une tige herbacée ; les feuilles opposées, sessiles, entières, ovales ; les fleurs sont axillaires et pédonculées ou terminales et

sessiles ; cette espèce est de Fort-de-France. La seconde, du Matouba est à tige droite, légèrement velue ; les feuilles sont longues, accuminées, opposées, entières, sessiles ; les fleurs axillaires et terminales, en groupe, avec de longues bractées. La troisième espèce a la tige rampante, glabre ; les feuilles grandes, glauques, lancéolées, acuminées ; les fleurs sont petites, rares, presque cachées par les bractées. La quatrième, de Fort-de-France, a quelques points de ressemblance avec celles du Matouba, mais elle en diffère dans quelques détails.

Le *S.* du Rio-Nunez est à tige haute de 20 à 30 centimètres, droite, striée, à rameaux opposés ; feuilles lancéolées, entières, grisâtres, sessiles, opposées ; fleurs en capitules axillaires et terminaux, pédonculés; les fleurons sont sessiles, à dents calycinales linéaires.

5. Au Lamentin, près de Fort-de-France, j'ai recueilli un *Psychotria*, à feuilles entières, opposées, pétiolées, longuement acuminées ; à fleur en grappe, à long pédoncule ; les pédicelles des fleurs ne partant pas du même point ; fleurs nombreuses, noircissant par la dessiccation, graines noires, surmontées du syle.

En Sénégambie, j'en ai rencontré quatre espèces, celle de Casacabouly (Rio-Nunez), est à rameaux opposés ; feuilles entières, ovales-lancéolées, opposées ; fleurs en corymbes axillaires et terminaux, pédonculées. Le calice est denté et la corolle dépasse un peu le calice.

L'espèce de Factory est un arbrisseau touffu, à rameaux divergents, tiges lisses ; feuilles opposées, ovales, arrondies, entières, lisses ; fleurs en panicules longuement pédonculées, corolle à long tube 5-fide ; stipules petits, aigus, à la bifurcation des pédicelles.

Le *Psychotria*, recueilli à Rappace, est un arbrisseau à tige noirâtre, sillonnée, lisse, à rameaux opposés ; feuilles opposées, entières, ovales-lancéolées, acuminées ; fleurs en corymbes terminaux, longuement pédicellées ; corolle infundibuliforme, à divisions grandes, ovales, allongées, entières.

Celui des Iles de Loss est à feuilles lisses, luisantes, ovales, acuminées, à fleur en corymbe étalé, naissant à l'aisselle et à l'extrémité des rameaux ; pétiole court, velu ; calice 5-fide ; corolle allongée, à limbe peu étalé.

La collection des Antilles renferme encore deux *Psychotria* de St-Domingue, qui sont à déterminer.

6. Les *Oldenlandia* sont bien représentés sur la côte d'Afrique. A Factory, il se trouve une espèce de 20 à 25 centimètres, à tige grêle ; feuilles linéaires, opposées, stipules linéaires ; fleurs solitaires, naissant dans l'aisselle des feuilles, très-petites, à divisions calycinales effilées ; capsule ovoïde, contenant un grand nombre de graines microscopiques. Au Gabon, on verra l'*Oldenlandia stricta* de L., l'*O. umbellata* du même, ou des espèces voisines ; un *O.* qui pourrait se rapporter à l'*O. biflora* L., seulement, la corolle est blanche au lieu d'être purpurine. An var. ? (Lam[k]., *Encycl.*).

J'ai cité l'*O. corymbosa*, L., de la Martinique ; l'échantillon est indiqué avec doute comme variété.

7. Le *Kohautia* . . . . . . de Cagnabac (Bissagos) fait, comme les *Oldenlandia*, partie des *Hedyotis* de Lam[k]. C'est une plante de 50 à 75 centimètres, droite, rameuse, à feuilles opposées, linéaires, lancéolées ; fleurs en cymes terminales, calice 4-fide, corolle longuement tubulée, terminée par quatre longues dents étalées. Capsule globuleuse, noire, sur laquelle s'appliquent les dents du calice ; graines petites, noirâtres, réniformes. On met rarement pied à terre dans cette île, et je doute qu'elle ait été explorée par les botanistes.

8. *Mussænda frondosa*, L., *forma glabrior* ? forme différente de l'espèce, rare à Noukahiva. Cet arbre, que les indigènes appellent *tou*, croît au bord de la mer, près de

l'habitation du roi, dans la baie de Tahiohaë. D'après Endlicher, les *Mussænda* sont des arbustes ou arbrisseaux, et aux Marquises, c'est un grand arbre. Ce serait à étudier.

J'ai recueilli dans l'Ile-du-Prince une espèce de ce genre, à tige non épineuse. Les feuilles opposées sont ovales, entières, rudes au toucher, comme verruqueuses en dessus; les jeunes tiges sont couvertes d'un duvet jaune foncé. Les fleurs en cyme sont agglomérées au sommet des rameaux; le calice velu, est à 5 longues divisions, la corolle est longuement tubulée, renflée au milieu du tube, se développant ensuite en 5 divisions terminées par une pointe. Au milieu de la cyme, et la dépassant, s'élève une bractée florale grande, ovale, entière, à nervures partant du pédoncule et se réunissant au sommet, veloutée et d'un beau rouge à l'état frais. J'avais indiqué ce genre avec doute dans mes *Herborisations sur la côte occidentale d'Afrique*; c'est bien un *Mussænda* de la section *Abelilla*, DC., établie par Endlicher.

Il y aurait matière à sérieuse étude de ces diverses Rubiacées, auxquelles il faut ajouter un *Sipanea* de Factory, non déterminé (Le nom indigène est *gymghi*).

CAPRIFOLIACÉES.

1. *Diervilla Canadensis*, Will., var. . . . . Halifax.
2. *Sambucus* . . . . San-Francisco.

OBSERVATIONS.

1. J'ai en herbier, sous le nom de *Diervilla Canadensis*, Willd., une variété de cette plante, bien différente du type par son port beaucoup plus grand, moins rameux, sa tige plus rougeâtre; cette variété paraît au premier coup d'œil une espèce nouvelle ou autre que le *Canadensis*. Il y aurait

lieu de l'étudier à l'état frais. Je ne connais pas les espèces du Japon.

2. Le *Sambucus* que j'ai recueilli à San-Francisco est un arbrisseau à feuilles opposées, longuement pétiolées, imparipennées ; les folioles, au nombre de 3-5, sont arrondies à la base des rameaux, ovales-lancéolées dans la partie supérieure, finement dentées. Fleurs en cyme à 5 rayons ; baie composée de cinq graines noires, rugueuses, fortement soudées entre elles. Cette espèce, qui se rapproche du *S. racemosa*, L., en diffère par ses feuilles moins lancéolées et par ses fleurs en cyme au lieu d'être en panicule ovoïde. Il est impossible que cette espèce ait échappé à l'investigation des botanistes de San-Francisco.

Il y a encore à déterminer dans cette famille un *Symphoricarpos* de Californie.

LOBÉLIACÉES.

Lobelia. . . . . NOUVELLE-ÉCOSSE.
— . . . . ILES DE LOSS.

OBSERVATIONS.

Sous le nom générique de *Lobelia*, j'ai en herbier une espèce dont les fleurs en capitule sont munies de bractées ovoïdes, bordées de longs poils blanchâtres ; le calice lui-même est hérissé de poils ; la tige, rugueuse et cotonneuse, émet çà et là de longs appendices filiformes, contournés sur eux-mêmes et semblables au chevelu des racines. Serait-ce une espèce nouvelle ? je ne crois pas qu'on puisse le rapporter au *L. glandulosa* de Walt.

Dans une des îles de Loss, j'ai recueilli un *Lobelia* à

tige jaunâtre, couverte de quelques poils clair-semés, effilée, rameuse, à rameaux alternes le long de la tige. A l'insertion des rameaux, de petites feuilles allongées, qui sont filiformes dans les rameaux secondaires. Fleurs nombreuses, solitaires, portées sur de longs pédoncules grêles, calice à 5 divisions acuminées, corolle à 5 divisions linéaires ; capsule contenant quelques graines rondes, très-fines.

COMPOSÉES.

1. *Centratherum* . . . . MARTINIQUE.
2. *Erlangea plumosa*, Sch. Bip. . . . . GABON.
3. *Ageratum conyzoïdes*, Desf. . . . . NOUKAHIVA.
4. *Diplosthephium acuminatum*, DC. . . . . HALIFAX.
   — — var. . . . . HALIFAX.
   — an nov. sp. ?. . . . . HALIFAX.
5. *Solidago terrænovæ*, Sch. Bip. . . . . TERRE-NEUVE.
6. *Blumea*. . . . . RIO-NUNEZ.
7. *Melampodium* . . . . MARTINIQUE.
8. *Wedelia reticulata*, L., var. . . . . MARTINIQUE.
   — — . . . . MARTINIQUE.
9. *Bidens frondosa*, L. . . . . HALIFAX.
   — — . . . . SACRIFICIOS.
10. *Centaurea acaulis*, L., var. . . . . MASCARA
    — (*campylotheca*) *polycephala*, Sch. Bip. NOUKAHIVA.
    — *Jardini*, Sch. Bip. . . . . NOUKAHIVA.
    — *serratula*, Sch. Bip. . . . . NOUKAHIVA.
    — *cordifolia*, Sch. Bip. . . . . NOUKAHIVA.
    — *pilosa*, L., var. *puberula*, Sch. Bip . . NOUKAHIVA.

Spilanthes Salzmanni DC. ?. . . . . MARTINIQUE.
Bahia (*vel genus affine*) . . . . MONTEREY.
Artemisia. . . . . MONTEREY.
Senecio (an nov. sp.) . . . . TERRE-NEUVE.
Hieracium. . . . . HALIFAX.
Heptameria minor, Nut., B. *Jardini*, Sch. Bip.. ILE-AUX-CERFS.
Erigeron (*conyza*) *ambiguus*, Sch. Bip. . . . . TAÏTI.

1. La description faite par Endlicher du genre *Centratherum*, correspond, pour les parties que j'ai pu vérifier, aux échantillons recueillis à Fort-de-France. Il faudrait disposer d'échantillons frais pour déterminer plus complètement cette plante.

2. M. H. Schultz Bip. avait d'abord donné à ce nouveau genre le nom de *Jardinea plumosa,* mais il le changea en celui de *Erlangea*, parce que M. Steudel, qui étudiait en même temps mes Glumacées de la côte d'Afrique, m'avait déjà fait l'honneur de me dédier un nouveau genre de Graminées, le *Jardinea Gabonensis*, « quod novum Grami-« nearum genus, paulo ante meum, licet etiam tantum « nomine, publici juris factum est. » (Triga nov. cass. generum, auct. C. H. Schultz Bip. Abdruck aus Flora 1853, n° 3). Le recueil donne la description de l'*Erlangea plumosa,* auquel M. Steudel avait aussi donné le nom d'*Edelestania* (Corresp. d'oct. 1852, communiquée par M. Le Normand).

3. J'aurais dû indiquer, dans ma « *Flore des Marquises* » que l'*Ag. conyzoïdes,* L., n'est pas indigène de ces îles. Les mots *Méié Farani*, qui servent à le désigner, indiquent suffisamment que cette plante est exotique. *Farani* signifie *français* en Taïtien.

4. Le genre *Diplostephium*, très-voisin du *Diplopappus* a beaucoup d'analogie avec les Asters ; il n'est pas mentionné dans la *Flore des États-Unis* d'Asa Gray, flore qui ressemble à peu près à celle de la Nouvelle-Écosse. Le *D. acuminatum,* var., atteint un mètre et plus de hauteur; il est rameux, à tige arrondie, striée; les rameaux principaux, pubescents, sont garnis de feuilles lancéolées, faiblement dentées, à limbe décurrent jusqu'à l'insertion ; les rameaux secondaires à feuilles lancéolées, presque entières; fleurs en corymbe lâche, naissant à divers points d'insertion vers le sommet de la tige. C'est une var. du *Dip. acuminatus* de DC. ; elle en

diffère par ses capitules plus fournis, naissant le long de la tige, tandis que, dans l'espèce, ils sont terminaux, et par les pédoncules floraux moins divariqués. L'aspect est tout différent. Une étude sur plusieurs échantillons de cette variété ferait peut être reconnaître des caractères assez tranchés pour constituer une nouvelle espèce.

Une autre variété (*an nova Sp.)*, se trouve encore à Halifax. Elle se rapporte au type par ses feuilles dentées et non entières, mais elle en diffère par l'insertion des corymbes. A la première vue, on constate une différence entre l'espèce type et les deux variétés que je viens de citer.

5. J'ai recueilli à St-Pierre, Terre-Neuve, un *Solidago* de petite taille, à feuilles alternes ou opposées, lancéolées, faiblement dentées, à capitules serrés, que M. Schultz a désigné sous le nom de *S. Terræ-Novæ.*

6. *Blumea* . . . . Ce genre, spécial à l'Asie, est rare en Afrique ; l'espèce que j'ai recueillie dans le Rio-Nûnez a le port d'un *erigeron.* Toute la plante est couverte d'un duvet soyeux, blanchâtre ; les feuilles caulinaires dentées en scie ; calathides à involucre composé de feuilles lancéolées, velues, réceptacle un peu convexe, fleurons filiformes. Est-ce une espèce déjà déterminée ?

7. Les tiges de ce *Melampodium*, recueilli à Belle-Vue, près de Fort-de-France ne sont pas dichotomes, ainsi que l'indique Endlicher dans sa description. Les autres caractères paraissent se rapporter à la description du genre. Est-ce une anomalie ou une variété ?

8. Le *Wedelia*, non déterminé, diffère du *W. reticulata*, DC., par ses feuilles rugueuses, âpres au toucher, dentées en scie et par l'involucre non verruqueux, mais couvert de longs poils couchés, à folioles allongées, linéaires, et par ses fleurs d'un jaune safrané.

Une autre espèce de *W.*, désignée dans l'herbier, sous le

nom de *W. calendula*, Less., se distingue des deux autres par ses feuilles entières, lancéolées, et par ses capitules portés sur de longs pédoncules. Est-ce bien le *calendula* de Lesson.

9. Un *Bidens*, de l'île Sacrificios est restée sans détermination. J'ai trouvé à Halifax une variété, *minor*, du *B. frondosa*, L. Cette plante, qui varie de 5 à 10 centimètres, est beaucoup moins grande que le type, mais l'aspect extérieur paraît ne pas différer.

Le savant botaniste Schultz Bip., qui a étudié les Composées que j'ai recueillies aux Marquises, donne la description des quatre nouvelles espèces qu'il a reconnues. Le même auteur a constaté une variété « *puberula* » dans le *Bidens pilosa* de Linné. L'espèce est indiquée dans la Nouvelle-Zélande (*Voyage de l'Astrolabe*). La diagnose des quatre espèces nouvelles se trouve dans le n° 23, 20 juin 1856, du *Flora*, journal de botanique, qui paraît à Ratisbonne; l'article est intitulé : « Verseichniss der Cassiniaceen, welche Herr Edelstan Jardin in der Jahren 1853-55, auf den Jnseln der Stillen Oceans gesammelt hat, p. 253 et suiv. Une espèce voisine du *Spilanthes Salzmanni*, DC., de la Martinique, est à déterminer.

10. Aux environs de Mascara, en Algérie, j'ai recueilli une variété du *Centaurea acaulis*, L., qui diffère du type par ses feuilles presque toutes à segments opposés, bien distincts l'un de l'autre, au lieu d'être lyrées. On voit cependant dans quelques feuilles radicales le passage d'une forme à l'autre. La fleur est portée sur un pédoncule de 4 à 5 centimètres au lieu d'être complètement acaule.

FAMILLES

DONT IL EST FAIT MENTION DANS LA LISTE PRÉCÉDENTE.

Pages.

Algues. 5
Lichens. 11
Champignons 16
Mousses 19
Fougères. 23
Hépatiques. 26
Equisétacées 27
Zostéracées. . . . . *Id.*
Graminées 28
Cypéracées. 34
Cannacées 38
Betulacées . . . . *Id.*
Cupulifères. . . . . *Id.*
Salicinées. 39
Urticacées . . . . *Id.*
Piperacées 41
Euphorbiacées. 42
Begoniacées. 44
Cucurbitacées. 45
Laurinées . . . . *Id.*
Polygonées. 46
Phytolaccées 47
Nyctaginées. . . . . *Id.*
Amaranthacées 48
Atriplicées 50
Portulacées. 51
Frankeniacées. 52
Violariées. . . . . *Id.*
Droseracées. 53
Oxalidées. . . . . *Id.*
Geraniacées. 54
Malvacées. . . . . *Id.*

Pages.

Byttnériacées 57
Hippocastanées 58
Papilionacées . . . . *Id.*
Cæsalpiniées. 59
Mimosées. . . . . *Id.*
Rosacées 60
Myrtacées. 61
Lythrariées. 62
Melastomacées. *Id.*
Onagrariées. 63
Saxifragées. 64
Ombellifères. 65
Hippocratéacées. . . . . *Id.*
Vacciniées 66
Ebénacées 67
Primulacées. . . . . *Id.*
Myoporinées. 68
Verbénacées. . . . . *Id.*
Labiées. 70
Acanthacées. 73
Bignoniacées 74
Scrophulariées. *Id.*
Solanées 76
Cestrinées. 77
Borraginées. 78
Convolvulacées 79
Gentianées 82
Asclépiadées . . . . *Id.*
Apocynées 83
Rubiacées. 84
Caprifoliacées. 88
Lobéliacées. 89
Composées. 90

Caen, typ. Le Blanc-Hardel.

OUVRAGES SCIENTIFIQUES

DU MÊME AUTEUR

HERBORISATIONS SUR LA COTE OCCIDENTALE D'AFRIQUE. (*Nouvelles Annales maritimes,* 1849.) Paris, Paul DUPONT, rue de Grenelle Saint-Honoré, 45.

NOTE SUR UNE ÉCLIPSE DE SOLEIL OBSERVÉE A TAIO-HAÉ (Marquises), le 30 Novembre 1853. (*Mémoires de la Société des sciences naturelles de Cherbourg,* 1855.)

SUPPLÉMENT AU ZEPHYRITIS TAITENSIS DE GUILLEMIN. (*Mémoires de la Société des sciences naturelles de Cherbourg,* 1856.)

OBSERVATIONS MÉTÉOROLOGIQUES FAITES A TAIO-HAÉ (île Noukahiva, Marquises), pendant les années 1853, 1854. (*Annales hydrographiques,* 1857.)

ESSAI SUR L'HISTOIRE NATURELLE DE L'ARCHIPEL DES MARQUISES, ZOOLOGIE, BOTANIQUE, MINÉRALOGIE ET GÉOLOGIE. Paris, BAILLIÈRE, rue Hautefeuille, 19. 1860

DE LA ZOOLOGIE ET DE LA BOTANIQUE APPLIQUÉES A L'ÉCONOMIE DOMESTIQUE EN ISLANDE. (Actes de la *Société Linéenne de Bordeaux,* t. XXVI, 3e série, 868.)

MÉMOIRE SUR LE SURTARBRANDUR D'ISLANDE, SUR LES ANCIENNES FORÊTS ET SUR LE REBOISEMENT DE CETTE ILE. Caen, LE BLANC-HARDEL, rue Froide, 2 et 4. (Traduit en Islandais.)

NOTE SUR LES ANTIQUITÉS DE L'ÉTAT DE VERA-CRUZ (Mexique), par Hugo FINK, de Cordova, traduit de l'anglais. (*Mémoire de la Société académique de Brest,* 1874.)

VOYAGE GÉOLOGIQUE AUTOUR DE L'ISLANDE fait en 1866, sur la Frégate la *Pandore.* Paris, J. B. BAILLIÈRE et Fils, 19, rue Hautefeuille, 1874.

Le Dépôt de ces Brochures, etc., se trouve à la Librairie BAILLIÈRE, 19 *rue Hautefeuille, Paris.*

BREST. — IMP. DE J. B. LEFOURNIER AINÉ, GRAND'RUE, 86.

www.ingramcontent.com/pod-product-compliance
Ingram Content Group UK Ltd.
Pitfield, Milton Keynes, MK11 3LW, UK
UKHW020358230726
13925UKWH00003B/1180